国家自然科学基金项目(51404195)资助

煤自燃一氧化碳生成理论及安全临界指标应用

翟小伟 著

中国矿业大学出版社

内 容 简 介

本书内容紧紧围绕煤自燃机理,以侏罗纪开采煤层煤低温氧化过程为研究对象,分析煤低温氧化过程中一氧化碳气体产生的微观机理,并详细介绍了温度、氧气浓度、粒径以及细菌等因素对一氧化碳生成及转化的影响规律。基于现场观测数据,分析工作面回风隅角一氧化碳气体变化和风量、推进速度等的相关性,结合采空区煤自燃"三带"分布规律,建立工作面回风隅角一氧化碳安全指标的计算模型,通过数值模拟结果与模型计算结果进行对比,分析了模型的可靠性,利用该模型对多个工作面回风隅角一氧化碳的安全临界指标值进行计算,与现场观测结果高度吻合。并针对实际工作面一氧化碳超限灾害,提出了有针对性的治理方案、设计思路和应用案例。

本书可作为矿井安全和火灾防治研究人员、煤矿工程技术人员的参考书,也可作为高等院校采矿工程、安全工程专业的教学参考书。

图书在版编目(C I P)数据

煤自燃一氧化碳生成理论及安全临界指标应用/
翟小伟著. —徐州:中国矿业大学出版社,2017.9

ISBN 978 - 7 - 5646 - 3688 - 3

Ⅰ. ①煤… Ⅱ. ①翟… Ⅲ. ①煤炭自燃——氧化碳—
研究 Ⅳ. ①TD75

中国版本图书馆 CIP 数据核字(2017)第 215189 号

书　　名	煤自燃一氧化碳生成理论及安全临界指标应用
著　　者	翟小伟
责任编辑	黄本斌
出版发行	中国矿业大学出版社有限责任公司
	(江苏省徐州市解放南路　邮编221008)
营销热线	(0516)83885307　83884995
出版服务	(0516)83885767　83884920
网　　址	http://www.cumtp.com　E-mail:cumtpvip@cumtp.com
印　　刷	徐州中矿大印发科技有限公司
开　　本	787×1092　1/16　印张 10.5　字数 212 千字
版次印次	2017 年 9 月第 1 版　2017 年 9 月第 1 次印刷
定　　价	30.00 元

(图书出现印装质量问题,本社负责调换)

前　言

　　我国大部分开采煤层属于易自燃和自燃煤层。在高产高效矿井正常开采过程中，由于开采强度大、煤层易氧化等原因，工作面回风隅角常伴有一氧化碳积聚超限现象，干扰煤自燃预测预报，影响矿井安全生产。一氧化碳产生机理、积聚规律及控制一直是矿井自燃灾害防治的关键科学问题。本书以侏罗纪开采的易自燃煤层为研究对象，围绕一氧化碳产生的微观动力学、积聚规律、安全指标和防控方法开展研究，为采空区煤自燃的早期预报和一氧化碳超限治理提供依据。

　　在理论的研究过程中，主要以宁夏煤业集团下属开采的侏罗纪易自燃煤层为研究对象，针对正常开采期间一氧化碳气体异常的问题开展了长期的研究工作，从 2006 年开始就相继进行煤自然发火实验、现场观测以及煤自燃灾害的预防控制工作。采用煤自燃程序升温实验装置，测试煤样在不同氧气浓度下的氧化规律，得出了不同氧气浓度下 CO 的产生规律，建立了程序升温过程温度和 CO 产生的定量函数关系，发现了低温阶段 CO 生成的三个过程。采用自主研发的细菌对 CO 消失影响规律的实验装置，分析空气灭菌前后、煤样灭菌前后以及灭菌水分等条件下密闭空间内煤样中 CO、CO_2 气体变化规律，证明细菌的存在会对一氧化碳的消失起到一定的作用，同时推断出细菌对一氧化碳消失的影响机理。利用煤自然发火实验，测试了灵武、鸳鸯湖及马家滩三个矿区 20 多个煤样自然升温过程中一氧化碳产生相关特性参数、极限参数。通过对 10 个典型工作面采空区气体进行观测、理论分析，得到了采空区 CO、O_2 与采空区深度的相互影响规律。通过对回风隅角一氧化碳与配风量、推进速度和回采率等因素的灰色关联分析，得出各因素对该气体浓度影响的关联度；建立了采空区一氧化碳产生和积聚的控制方程，利用 Fluent 软件，模拟得出了正常生产条件下该气体在采空区的积聚规律；创立了工作面回风隅角一氧化碳浓度安全临界指标的计算模型，并针对灵武、鸳鸯湖及马家滩三个矿区的大采高、综放工作面及综采工作面等不同典型工作面的实际开采条件，计算出了工作面回风隅角一氧化碳浓度的安全指标，为工作面自然发火的早期预报提供了依据，有效指导了工作面的安全生产。并依据主要开采煤层一氧化碳的生成及积聚规律，结合工作面开采条件，提出了适应于工作面开采煤层一氧化碳超限的控制方法，在工作面回收撤面期间采空区一氧化碳超限事故控制中进行了成功应用,保证了工作面的安全顺利启封。在此基础上形成了一套完整的预测、预报、预防和应急体系。

煤自燃—氧化碳生成理论及安全指标应用技术体系形成过程经历十余年的现场观测、实验室测试和理论分析,特别感谢宁夏煤业集团总工程师周光华,教授级高工李玉民(原宁夏煤业集团副总工程师),生产技术部总经理冯茂龙、副经理马灵军、主管康希武和徐宁武,科技发展部总经理刘铜强、主管朱海鱼。同时也得到了羊场湾煤矿通风副总工程师郝军、景巨栋,原灵新煤矿总工程师杨国林、通风副总工程师杨春林,原枣泉煤矿总工程师陈志中、副总工程师刘明星、科长余行贤,梅花井煤矿总工程师李小龙、通风副总工程师冯自宇,红柳煤矿总工程师李逵,石槽村煤矿总工程师蒋学明等同志的辛苦劳动和帮助,在此表示感谢。

西安科技大学邓军教授、文虎教授及防灭火团队在项目实施过程中的全程指导,项目现场观测和实验数据经历前后十余年的积累,参与的师生人数超过20余人,包括已经留校成为同事的王凯博士、刘文永工程师、王亚超工程师,曾经的硕士生蒋志刚、高志才、师吉林、姜华、夏海斌、吴康华、周洋、程斌、杨一帆、杨世萧、王炜罡、吴世博以及马腾等都付出了辛苦的劳动,进行了大量的实验和现场观测工作。硕士生吴世博、王博等在书稿的完成过程中进行了大量的文字校对和整理工作。在此一并向他们致以最诚挚的感谢。

在成果认定和应用推广过程中,张铁岗院士、崔洪义教授级高工(原兖州矿业集团副总工程师)、肖蕾教授级高工(宁夏煤矿安全监察局局长)等对课题的研究意义给予肯定,也对研究方向的确定、研究成果的推广和应用领域提出了宝贵的意见,在此表示衷心的感谢。

回顾整个理论基础的研究和现场应用的系统过程,是在前辈的研究基础之上、老一辈学者的指导下以及团队之间的相互鼓励和帮助下才得以完成,心中充满了感激、感动和感谢。该书的完成是对本人前期大量工作的总结和提炼,也是对自己的一种鞭策和提高,不敢以此为资本,只是作为一种对现场的认识和感知拿出来和同行共同讨论。

笔者水平所限,加之煤自燃—氧化碳生成影响因素复杂多样,该理论及安全指标体系尚不完善,虽完成此书,但笔者仍心存忐忑,唯恐书中谬误太多,敬请读者批评指正。

著　者

2017 年 5 月

目　　录

第一章　绪　　论

　　煤炭作为我国的第一能源,长期以来在我国国民经济发展中占有非常重要的战略地位。我国有 70% 的矿井有煤自然发火隐患,在矿井火灾中 90% 以上为煤层自燃火灾[1],造成了严重的煤炭资源损失和安全隐患。中国政府在《21 世纪议程》中将煤自燃列为重大自然灾害类型之一,为了有效地对煤层自燃火灾进行预防和控制,《国家安全生产科技发展规划煤矿领域研究报告(2004—2010)》[2]将煤自然发火热物理特性、采空区自燃火灾连续监测与控制技术等内容列为重点攻克内容。煤自燃火灾主要是由煤氧化放出热量,在一定环境条件下热量积聚导致煤体升温而引起的。煤在临界温度以下时所表现出的自燃特性很不明显,但在煤温超过临界温度后,表现出来的自燃特性较明显。CO 气体由于其敏感性和易检测性,常被用来进行煤自燃早期预测和预报。但是由于开采技术、开采装备、煤层性质及地质条件的不同,影响着煤层自燃火灾早期预测预报指标的确定,如扎赉诺尔矿务局西山矿南斜井在开采四₃煤层[3-4]、大雁二矿在开采 30# 煤层[5]、开滦集团的东欢坨煤矿在开采 8# 煤层[6]、大水头煤矿[7]以及宁煤灵武矿区开采 2# 煤层[8]期间,都出现了回风隅角 CO 气体浓度严重超过《煤矿安全规程》规定值的现象,根据煤矿现场第一手材料,近两年来在陕北矿区也出现了类似的灾害现象,但无相关文献。大量的开采现场经验说明,工作面开采过程中 CO 气体的异常涌出,给矿井生产、职工生命安全带来极大的危害,如2006 年陕西省宜君县某煤矿和 2008 年榆林市某煤矿都发生过 CO 气体异常涌出造成人员伤亡的事故。同时由于 CO 气体异常涌出,为井下煤自燃危险程度和区域的判断造成了极大的干扰,不能准确地对灾害进行预测预报,从而错失预防和控制煤自燃灾害的最佳时机,甚至诱发更大的矿井灾害,造成严重的经济损失。

　　我国西部宁夏多数矿区主要开采煤层回风隅角 CO 气体浓度经常超限,是该类事故的典型案例发生点之一,该矿区煤层极易自燃,煤层实际最短自然发火期为 23 d。多年以来在各煤层开采过程中,多数矿井都发生过煤层自然发火,80% 以上的工作面回风隅角出现 CO 气体浓度超限事故,正常推进期间回风隅角最高 CO 气体浓度能够达到 0.03% 左右,由于对 CO 产生机理及自燃威胁程度掌握不清,2005 年,国家煤矿专家组在灵武矿区"会诊"时,特别提出:建立煤层自然发火预测预报指标体系；开展课题研究，精确分析工作面回风隅角 CO 气体超限的原因；通过监测系统提供的气体数据，选取并确定灵敏度高、方便灵活的指标性气体参数。

该书以宁夏宁东主要矿区的开采煤层为研究对象，初步建立了工作面煤自燃—氧化碳生成理论，并成功地应用安全临界指标指导了现场生产。

第一节　煤自燃学说

煤层自燃是比较普遍的自然现象，关于煤炭自燃起因和过程人们在 17 世纪就开始了探索和研究，但迄今仍然未能得到圆满的解决。各国学者发表了多种学说以解释煤炭自燃的起因，主要有黄铁矿导因学说、细菌导因学说、酚基导因学说以及煤氧复合学说等，它们都有一定的理论基础或实验根据，能够解释一定现象，其中煤氧复合作用学说得到了大多数学者的认同。

一、黄铁矿导因学说

该学说最早由英国人（Plolt 和 Berzelius）于 17 世纪提出，是第一个试图解答煤自燃现象的学说。它认为煤的自燃是由于煤层中的黄铁矿（FeS_2）与空气中的水分和氧相互作用放出热量而引起的，其化学反应过程推断如下：

$$2FeS_2 + 2H_2O + 7O_2 \longrightarrow 2FeSO_4 + 2H_2SO_4 + Q_1$$

硫酸亚铁（$FeSO_4$）在潮湿的环境中，可被氧化生成硫酸铁[$Fe_2(SO_4)_3$]，其化学反应如下式：

$$12FeSO_4 + 6H_2O + 3O_2 \longrightarrow 4Fe_2(SO_4)_3 + 4Fe(OH)_3 + Q_2$$

硫酸铁[$Fe_2(SO_4)_3$]在潮湿的环境中作为氧化剂又可和黄铁矿发生反应：

$$FeS_2 + Fe_2(SO_4)_3 + 2H_2O + 3O_2 \longrightarrow 3FeSO_4 + 2H_2SO_4 + Q_3$$

以上化学反应均为放热反应（Q_1、Q_2、Q_3 分别代表各反应释放的热量）。另外，黄铁矿在井下潮湿的环境里会被氧化产生 SO_2、CO_2、CO、H_2S 等气体的反应，也都是放热反应。因此在蓄热条件较好时，这些热量将使煤体升温达到煤氧化反应所需温度，导致煤的自热与自燃。黄铁矿另一促使煤体氧化的物理作用是：当其自身氧化时，体积增大，对煤体产生胀裂作用，使得煤体裂隙扩大、增多，与空气的接触面积增加，导致氧气更多地渗入。此外，硫的着火点温度低，在 200 ℃ 左右，易于自燃[9]；FeS_2 产生的 H_2SO_4 使煤体处于酸性环境中，亦能促进煤的氧化自燃。

黄铁矿学说曾在 19 世纪下半叶广为流传，但实践证明，大多数的煤层自燃是在完全不含或极少含有黄铁矿的情况下发生的。该学说无法对此现象作出解释，具有一定的局限性。

二、细菌导因学说

该学说是由英国人帕特尔(M. C. Potter)于 1927 年提出,他认为在细菌的作用下,煤体发酵时放出的热量对煤的自燃起了决定性的作用。后来(1934 年)有学者认为煤的自燃是细菌与黄铁矿共同作用的结果。1951 年波兰学者杜博依斯(R. Dubois)等在考察泥煤的自热与自燃时指出:当微生物极度增长时,通常伴有放热的生化反应过程。30 ℃以下是亲氧的真菌和放线菌起主导作用(使泥煤的自热提高到 60～70 ℃是由于放线菌作用的结果);60～65 ℃时,亲氧真菌死亡,嗜热细菌开始发展;72～75 ℃时,所有的生化过程均遭到破坏。

为考察细菌作用学说的可靠性,英国学者温米尔(T. F. Winmill)与格瑞哈姆(J. J. Graham)曾将具有强自燃性的煤置于 100 ℃真空器里长达 20 h,在此条件下,所有细菌都已死亡,然而煤的自燃性并未减弱。细菌作用学说仅这一点就无法作出解释,未能得到广泛承认。

三、酚基作用学说

1940 年苏联学者特龙诺夫(Б. В. Троиов)提出:煤的自热是由于煤体内不饱和的酚基化合物强烈地吸附空气中的氧,同时放出一定的热量所致。该学说的依据是:在对各种煤体中的有机化合物进行实验后,发现煤体中的酚基类最易被氧化,其不仅在纯氧中可被氧化,而且亦可与其他氧化剂发生反应。故特龙诺夫认为:正是煤体中的酚基类化合物与空气中的氧作用而导致了煤的自燃。根据该学说,煤分子中的芳香结构则首先被氧化生成酚基( ),再经过醌基( )后,发生芳香环破裂,生成羧基( )。但理论上芳香结构氧化成酚基需要较激烈的反应条件,如程序升温、化学氧化剂等,这就使得反应的中间产物和最终产物在成分和数量上都可能与实际有较大的偏移。因此,酚基导因作用是引起煤自燃的主要原因的观点尚有待进一步探讨。

四、煤氧复合作用学说

煤自燃的最终参与物主要是煤和氧,煤对氧的吸附和氧化反应已经实验考察得到证实,因此,煤氧复合是煤自燃最普遍的规律。1870 年瑞克特(H. Rachtan)经实验得出:一昼夜里每克煤的吸氧量为 0.1～0.5 mL,而褐煤为 0.12 mL;1945 年姜内斯(E. R. Jones)提出常温下每克烟煤在空气中的吸氧量可达 0.4 mL,该结果与 1941 年美国学者约荷(G. R. Yohe)对美国伊利诺伊煤田的煤样实验结果相近。20 世纪 60 年代抚顺煤研所通过大量煤样分析,确定了 100 g 煤样在 30 ℃的条件下经 96 h 吸氧量小于 200 mL 时属于不自燃的煤；超过 300 mL 时属于易自燃的煤。这也说明,在低温时,煤的吸氧量愈大,愈易自燃。1951 年苏联学者维索沃夫斯基(B. C. Висоловский)等提出:煤的自燃正是氧化过程自身加速的最后阶段,但并非任何一种煤的氧化都能导致自燃,只有在稳定、低温、绝热条件下,氧化过程的自身加速才能导致自燃。这种氧化反应的特点是分子发生的基链反应:即每一个参加反应的团粒或者说在链上的原子团首先产生一个或多个新的活化团粒(活化链),然后又引起相邻团粒活化并参加反应。这个过程在低温条件下,从开始要持续进行一段时间,即通常所称的"煤的自燃潜伏期"。他们通过实验还发现,低温氧化后的烟煤的着火点降低,活化度提高,易于点燃。低温氧化过程的持续发展使得反应过程的自身加速作用增大,若最终生成的热量不能及时散发,就会引起自热阶段的开始。

煤氧复合作用学说得到大多数学者的赞同,因为煤自燃的主要参与物一个是煤,一个是氧,煤对氧的吸附是经实验考察得到完全证实的。表面的吸附即所谓的物理吸附虽然产生的热量微不足道,然而化学吸附以及与其相伴随的煤与氧的化学反应则可以放出相当多的热量。事实上,上述解释煤自燃的各种学说,都涉及煤与氧作用并放出热量的问题,如上述酚基作用学说的实质就是煤与氧的作用放出热量而引起煤自然升温的问题。另外,水对煤的润湿热、煤分子的水解热、煤中含硫矿物质的水解热、煤中细菌作用放出热等,对煤体自燃都有一定的贡献。

第二节 煤低温氧化机理

自燃是煤氧化引起温度升高的结果,因此许多研究都采用可控制条件开展煤的氧化实验,研究煤在不同温度下氧化过程中的质量变化、能量变化、热量变化、产生的小分子气体的变化以及煤结构的变化等,以此分析煤的自燃特性。

一、煤低温氧化过程中的热量和质量变化

煤在低温氧化前后,煤体的热量、质量及能量等微观特性参数都会发生一定的变化,因此研究氧化过程中热量、质量变化是研究煤低温氧化机理的主要途径。目前研究实验装置主要有热重分析(TG/TGA)、差示扫描量热分析(DSC)和差热分析(DTA)等仪器,或者将多种仪器进行连接使用。

TG 和 DSC 实验分别通过研究煤氧化过程中的质量变化和能量变化分析其自燃性。例如,斯里尼瓦桑·克里希纳斯瓦米(Srinivasan Krishnaswamy)等[10]利用固定床等温反应器研究煤的氧化过程;陈勤妹等[11]采用热分析联同技术,在 TG—DTA—T—DTG 及 DTA—T—EGD—GC 两套热分析装置上,测定了 5 种粉煤在程序升温整个燃烧过程中的热特性曲线,分析氧化增重、表观活

化能、着火温度、燃烧最大失重速率、可燃性指数及燃烧逸气浓度组分等的变化规律；D. Vamvuka、E. T. Wood Burn 等[12]结合 Whitwick 煤的热重分析数据提出了一种单个直径 30 μm 的球形颗粒燃烧的、建立在一系列描述反应速度和传质、传热过程基础上的数学模型，该模型通过数值求解，确定了颗粒表面的反应机理及燃烧机理，揭示挥发分的气相燃烧和碳氧及碳与氢等在固体内的多种反应平行进行规律。Pilar Garcia 等[13]用 DSC 方法研究煤的自燃倾向性，发现煤在低温下初始氧化的变化非常小，但该阶段的氧化对自燃过程影响非常大。自燃过程的绝热实验是把煤自燃看作绝热自热过程，研究该过程的温度、气体浓度等变化规律，分析煤的自燃性。L. P. Wiktorsson、W. Wanzl 等[14]利用热重分析（TG）和差示扫描热（DSC）测量关键分解温度和热能所产生的化学反应。实验测试中传热现象更侧重于对煤氧化化学反应的研究，A. H. Clemens 等[15]采用等温差热分析法和原位程序控温漫反射傅里叶变换红外光谱（DRIFTS）研究了6 种干燥煤样在空气或氧气流中的化学和热反应。结果表明放热性可以揭示煤的自燃倾向性。第一个由 DRIFTS 检测到的产物信息是羰基伸缩振动，主要是羧酸和醛等官能团，并在静态的氧气/氩气覆盖下进行氧化实验，5 h 后进行气体和温度分析，在 90 ℃时发现了 CO，其产率随温度升高而增加，据此提出了一种反应机理。R. R. Martin 等[16]用次级离子质谱法（SIMS）和 X 射线光电子能谱分析（XPS）研究了在低温氧化过程中煤表面的氧分布。舒新前[17]应用热分析方法，研究了煤自燃发生及发展规律，得出了煤自燃是一个分阶段进行的氧化放热过程的结论。根据 DT 曲线及 TG 曲线，得出了煤自燃的特征温度参数及质量变化参数。彭本信[18]采用国产 4.1 型精密热分析天平和日本产 DSC-8230B 型差热扫描量热计，对我国 8 个煤种的 70 个煤样进行了 TG、DT、DSC 实验、热分析和热分析-红外光谱实验，查清了变质程度浅的煤容易自燃的主要原因是空气氧化放热量大于变质程度深的煤的氧化放热量，提出 CO 为最好的煤矿自然发火标志气体的观点，首次用热量法测定煤的自燃倾向性。张嬿妮、肖旸等[19-20]采用 TGA 研究了不同粒径、升温速度等对煤自燃的影响因素，并根据不同的失重速率拐点研究了煤低温氧化过程中的特征温度。

二、煤程序升温实验

目前程序升温实验成为研究煤自燃特性的最主要手段之一，程序升温氧化实验多用在煤自燃标志气体测定、自燃影响因素的研究等方面。徐精彩、张辛亥等[21-23]应用程序升温实验分析不同温度下煤的耗氧速度、CO 和 CO_2 产生速率等参数，这种方法能够概算出煤氧化特性，同时在程序升温的实验基础上，研究了煤氧复合速率变化规律；邓军等[24]利用程序升温实验研究了不同氧气浓度条件下不同煤样的耗氧特性；Y. S. Nugroho1 等[25]在一个体积为 125 cm^3 的金属网制的反应器里，实验研究了不同粒度煤样低温氧化过程，发现煤的粒度和比表面积对煤氧化的表观活化能和指前因子有重要影响；Fanor Mondragón 等[26]实验研究了在不同温度下的煤早期氧化过程；Wang Haihui 等[27]将粒径小于 853 μm 的烟煤放在 $60\sim90$ ℃范围内的等温流动反应器中研究了其氧化过程中的稳定状态 CO_2 和 CO 浓度，开始时 CO_2 和 CO 产率的比例比较高，说明稳态时的这一比例与温度有关，与煤的粒径和氧化剂中的氧浓度无关，提出 CO 是直接燃尽反应及稳定的含氧络合物的观点。

三、大型煤自然发火模拟实验

1980 年 J. B. Stott[28]在美国矿业局建立了长 5 m、直径 0.6 m 的垂直实验台；1991 年在 J. B. Stott 的指导下 X. D. Cheng[29-30]等在新西兰设计建造了长 2 m、直径 0.3 m，装煤量 110 kg 的一维自燃实验装置；1995 年 A. S. Areif 等[31]根据 X. D. Cheng 的实验装置，在澳大利亚昆士兰大学建立了长 2 m、直径 0.2 m，装煤量 60 kg 的煤自燃实验台。1997 年 D. Cliff、A. Bennet 和 A. Galvin[32]在澳大利亚昆士兰采矿安全测试与研究中心（SIMTARS）建立了装煤量 16 t 的实验台；B. B. Beamish 等[33-34]于 2002 年对该实验台进行了完善和升级，大大缩短了实验时间（10 d），通过实验研究可以获取水分对煤影响的关键对应点，实验炉的最高温度在 250 ℃。1988～1996 年徐精彩、邓军等[35-36]模拟现场实际条件，相继设计和建造了装煤量 1.0 t、1.5 t 及 15 t 的大型煤自然发火实验台，这些实验台模拟煤的自然发火过程，可准确测定煤的最短实验自然发火期（精确到天）、自燃过程中不同温度下耗氧速率、气体产生率及氧化放热强度等煤自燃参数，以此为基础，对生产工作面松散煤体的自燃危险程度做出预测，进而进行预报和预防。

煤的实验自然发火期是指一定量的煤样装在自然发火实验台中，在有利于自燃的标准实验条件下供风氧化，煤温自某一起始温度自然氧化升温到着火点的时间。大量研究表明，特定的煤样以特定温度为起始温度时的实验自然发火期是一个常数，不同温度下的氧化放热强度序列值也是确定的量。但煤在矿井自然环境中的实际自然发火期和氧化放热强度等参数因环境条件变化而异。徐精彩[21]提出了根据实验自然发火期与实验放热强度测算煤实际自燃过程中放热强度的理论和方法，从而能够预测煤的实际自燃过程。该理论在全国多个矿井应用，其预测结果与实际吻合良好。

四、基于量子化学的微观机理

位爱竹[37]利用自由基原理分析了链传递过程中 CO 的生成过程，醛基自由基分解可产生 CO 气体。王继仁等[38]采用密度泛函 B3LYP 法，在 B3LYP/6-311G 基组水平上研究煤与氧发生自燃反应生成水和 CO 的反应体系，计算结果表明，煤自燃生成 CO 的反应是氧分子攻击苯环侧链上丙基末端的碳原子，使丙基生成带醛的基团（—CH_2—CH_2—CO—H）和水，而带醛的基团继续分解生成

CO。戚绪尧[39]提出煤自然氧化过程分为三个序列,在每个反应序列中都会产生 CO 气体,包括直接氧化、吸附氧化以及分解过程中都会产生 CO。石婷、邓军等[40]利用密度泛函 DFT/6-31G 理论计算获得了煤活性基团的活泼性次序,得出了煤自燃初期的反应机理主要是氧分子先进攻煤分子中的活性基团,产生活泼性很高的中间体,然后中间体进一步反应得到 H_2O 或 CO_2 及其他反应产物,由于在计算结果中没有产物 CO 的生成,则认为 CO 可能是后续反应的产物。

五、基于自由基煤自然氧化微观机理

李增华[41]于 1996 年提出了煤自燃的自由基作用学说,该学说认为煤是一种有机大分子物质,由于破碎等原因在煤表面存在大量自由基,为煤自然氧化创造了条件,引发煤的自燃。该学说很快被国内学者所接受,戴广龙[42]直接测定了褐煤、气煤、气肥煤和无烟煤从常温到 200 ℃的 ESR 波谱,得出煤氧化的难易程度取决于煤氧化后自由基浓度的相对增加率而不是原煤中自由基浓度。张代均等[43]应用 ESR 技术对一系列变质程度不同的煤进行实验研究,探讨了煤中自由基的起源、性质和数量的变化。J. Kudynska 等[44]用 ESR 技术分析了高挥发分烟煤的低温氧化动力学特性,证明氧气和水分的存在对煤自燃起了重要作用。此外,张群、冯士安、唐修义、刘国根、郭德勇、张玉贵、张蓬洲等[45-49]也从不同角度研究了煤的 ESR 波谱,以上研究都证明煤中存在大量自由基。B. Taraba[50]在长壁综采工作面观察到刚采下煤堆中 CO 浓度增加,这一现象用自由基反应机理能够做出合理的解释,认为采煤机割煤过程中造成了煤中共价键的断裂,生成大量自由基,并立即与空气中的氧气反应,再经过一系列自由基反应,在很短的时间内生成了 CO。

综上所述,目前国内外关于煤低温氧化机理的研究手段和方法较多,主要根据煤低温氧化研究的程度和目的进行选择。在煤的微观机理和动力学过程研究中,主要是通过精密仪器测试煤样氧化前后质量、能量以及热量等参数,通过分析以上参数的变化规律及函数,从而推断反应过程中煤分子结构的变化等;程序升温实验主要是采用对煤样进行不同程度的被动加热,用来测定煤自然氧化过程中指标气体及其他特征参数的变化规律,并且可以通过改变不同的实验条件,如升温速度、供氧条件等来分析测试煤氧化过程中的影响因素;煤自燃全过程模拟实验可以较准确地确定煤的自然发火期,但实验周期长,一般易自燃煤的实验需要 1 个月左右,发火期较长的煤样的实验周期达数月甚至 1 年,每次实验需要煤量较多,实验费用也较高,但实验过程能够对煤自燃的全过程进行真实的模拟,获取和现场最为接近的实际煤自燃特性参数;在以上物理实验的基础上,通过分析煤的分子结构及能量变化,推导出低温氧化的反应过程,利用量子化学泛函理论,借助 Gaussian 化学软件对低温氧化过程中 CO 等气体的产生动力学过

程进行了模拟;国内外专家针对常温氧化产生 CO 的特殊现象提出了专门的实验研究,目前较为成熟的自由基学说得到了公认,在此基础上主要采用 ESR 等实验方法来确定煤氧化过程中自由基的量。

第三节　煤氧化生成一氧化碳动力学过程

一、煤氧吸附过程

1. 吸附模型

（1）Langmuir 单分子层吸附模型

Langmuir 吸附模型的基本假设:一是假设吸附热与表面覆盖度无关,即吸附热是一常数,这就暗示吸附剂表面是均匀的,吸附分子间无相互作用;二是假设吸附是单分子层的。

（2）BET 多分子层吸附模型

1938 年布鲁尼尔（S. Brunauer）、埃密特（P. Emmett）、特勒（E. Teller）将 Langmuir 单分子层吸附理论加以发展和推广,提出了多分子层吸附模型。其基本假设是:

① 吸附热与表面覆盖度无关,吸附热是一常数;

② 吸附可以是多分子层的;

③ 第一层的吸附热与以后各层的不同,第二层以上各层的吸附热为相同值,为吸附质的液化热;

④ 吸附质的吸附与脱附只发生在直接暴露于气相的表面上。

（3）Polanyi 吸附势模型

该模型认为吸附剂表面附近一定空间内存在引力场,气体分子一旦落入此范围即被吸附。引力场起作用的空间称为吸附空间。在吸附空间内被吸附气体的密度随与表面距离的增加而减小,吸附空间最外缘处的吸附气体与外部气体的密度已无差别。

（4）微孔填充模型

Dubinin 等从吸附势理论出发提出了微孔填充模型。该模型认为由于微孔孔壁势能场的叠加,大大增加了固体表面与吸附质分子的作用能,从而在极低压力下就可有大的吸附量,并直至将微孔全部填满。

2. 煤氧吸附理论

引起物理吸附的范德华力主要来源于原子和分子间的色散力、静电力和诱导力三种,无方向性和饱和性。在非极性和极性不大的分子间主要是色散力作用,色散力产生的原因:原子或分子中的电子在轨道上运动时产生瞬间偶极矩,它又引起临近原子或分子的极化,这种极化作用反过来又使瞬间偶极矩变化幅度增大。色散力就是在这样的反复作用下产生的。诱导力则是在极性分子的固有偶极诱导下,临近它的分子会产生诱导偶极,分子间的诱导偶极与固有偶极之间的电性吸引力[51]。

煤是一种复杂、多空隙、多层次的有机岩,具有较强的吸附性,由于煤表面存在剩余空间,因而给予这个表面剩余能量减少的趋势。依据煤对氧吸附的作用力不同将煤对氧的吸附分为物理吸附和化学吸附[52],物理吸附通常进行很快,并且可逆,被吸附了的气体在一定条件下,在不改变气体和煤表面性质的状况下定量脱附。发生物理吸附时吸附分子和煤表面组成都不会改变,物理吸附是放热过程,吸附热与气体的液化热相近。物理吸附可以在任何煤气界面上发生,即物理吸附无选择性。化学吸附时氧分子与煤表面间有某种化学作用,即它们之间有电子的交换、转移或共有,从而可导致原子的重排、化学键的形成与破坏。化学吸附速度与化学反应类似,需要活化能。化学吸附常是不可逆的,解吸困难,并常伴有化学变化的产物析出。化学吸附的吸附热与化学反应热相似,大多为放热过程。煤的化学吸附热一般为 $80 \sim 420$ kJ/mol[53]。化学吸附大约从-5 ℃开始,当温度在 40 ℃以上,化学吸附会自动加速成化学反应,并会产生CO、CO_2、H_2O 等产物[53]。煤在室温以上阶段,煤和空气的反应主要是吸附过程,并伴随着过氧化物的形成,但温度在 70 ℃以上就开始分解,随着温度继续升高,煤的氧化反应的活化能更大,需要热量更多[54-55]。

3. 煤氧复合理论

通过对相关学者研究成果、吸附理论进行分析,可以得出,煤氧复合作用学说认为煤炭自燃是煤和氧共同作用的结果。在煤氧作用初期,煤体内部裂隙表面接触空气后主要发生物理吸附作用,同时伴随微量的化学吸附作用。随着煤氧复合作用进一步增强,化学吸附作用逐渐增强,物理吸附作用吸附在煤体表面的氧气开始和煤表面分子发生化学吸附(化学反应),氧原子和煤结构中的原子发生了电子转移,形成煤氧化学吸附状态,一部分煤活性结构的电子进入氧分子未成对电子的轨道中形成较稳定过渡态,根据实际反应条件进行下一步的反应;一部分煤活性结构如自由基等和氧结合直接产生 CO、CO_2 及 H_2O 等气体。该理论和文献[39]中的观点一致,该文献认为在煤自燃过程中,煤中的原生活性基团和氧气接触时,一部分会直接发生氧化反应,生成 CO 等气体,另一部分活性基团会自行分解或与其他基团接触反应,生成煤样络合物,再进行分解或其他反应。文献[56]采用量子化学的方法,对煤与氧的物理吸附及化学吸附进行模拟研究,表明煤表面对氧分子的物理吸附是电荷转移的结果,同时得到煤表面对多种混合气体吸附的竞争性和亲和性,吸附氧的亲和性最大;当氧分子中 O—O 键断裂,氧原子与煤表面侧链基团形成新的化学键时,便形成化学吸附过程。

根据以上理论分析及相关研究成果,结合灵武矿区的煤分子表面活性基团

模拟构型,则可以推断出该煤层在低温氧化时的化学吸附,主要形式如下所示:

R_1 $\quad + O_2 \longrightarrow$

$\longrightarrow$

R_2 $\quad + O_2 \longrightarrow$

$\longrightarrow$

R_3 $\quad + O_2 \longrightarrow$

$\longrightarrow$

R_4 $\quad + O_2 \longrightarrow$

$\longrightarrow$

R_5 $\quad + O_2 \longrightarrow \longrightarrow$

R_6 $\quad + O_2 \longrightarrow$

$\longrightarrow$

R_7 $\quad + O_2 \longrightarrow$

$\longrightarrow$

二、煤氧复合反应生成 CO 理论

根据现场观测、理论分析及实验测试,CO 气体是煤低温氧化的全过程伴随物,在常温条件下,CO 是由煤分子中共价键断裂以后和氧直接复合产生[37],在煤氧化升温过程中,会由于热解、氧化作用影响,造成煤分子断裂或结构单元之间的桥键断裂生成新的自由基,含 C 自由基和 O 原子结合生成CO 气体。戚绪尧[39]则认为常温条件下 CO 的产生是煤体中原生和次生的活性基团直接氧化的产物,随着煤氧化升温反应的进行,原生活性基团和氧发生化学吸附,产生煤氧络合物进而分解产生 CO,或者直接分解产生 CO 气体。邓存宝[57]通过量子化学计算,得出煤分子氧化自燃生成 CO 的反应是氧分子攻击苯环侧链上丙基末端上的碳原子,使苯环侧链上丙基生成了带醛的基团($-CH_2-CH_2-CO-H$)和水,而带醛的基团($-CH_2-CH_2-CO-H$)继续分解生成 CO。

通过对 CO 的产生机理进行分析,可以总结出,在煤氧化升温过程中 CO 的产生机理相差较大,尤其在常温条件下,煤氧化生成 CO 的时间较短、速度较快,因此很大程度上是由于煤分子中的断键直接和氧结合的结果。随着煤温的升高,CO 的产生主要与煤对氧的化学吸附相关。结合灵武矿区煤分子表面活性基团模拟构型,理论分析了 8 类活性基团的低温氧化反应过程和煤氧化产生CO 的动力过程。结果表明,8 类活性基团在低温氧化过程中发生断裂,生成3 种基团$-COOH$、$-C(O)O$ 和$-O-CHO$,进而推断出煤分子中原生的 4 种活性基团。其原生基团反应生成 CO 过程如下:

第四节　采空区气体运移规律

一、采空区煤自燃数值模拟

20 世纪 70 年代,坎特伯雷大学推导出煤自燃的瞬态数学模型,为煤自燃的数值模拟奠定了基础。A. Rosema 等[58]讨论了应用数值模拟模型"COAL-TEMP"来研究煤在露天场所接受太阳辐射时发生氧化和可能的自燃,首先建立了微分方程来描述热、氧的流动和在煤基体中的氧化,方程描述了与大气的热交换、辐射和氧交换,然后简要讨论了数值解,再应用该模型来研究煤自燃,尤其对汝箕沟煤进行了研究。Arisoy Ahmet、Akgun Fehmi[59]建立了一维非稳态模型来预测煤堆安全储存高度。煤堆高度通常影响一维能量方程吸热量的近似求解。该模型包括氧、水蒸气、煤中水分的守恒,以及气相和固相的能量守恒。模型的数值解提供了依赖时间变化的煤堆内最大温度,指出了安全储煤期,就可以确定临界高度。A. McNabb 等[60]建立了一维自然对流模型模拟煤柱的氧化和加热。假定热传递以导热为主,流体流动为多孔介质中的渗流,考虑到了无维裂隙表面的限制情况。由于有浮力驱动的流动,存在氧浓度与渗透系数之间的比例关系,因此传统意义上的热量扩散不存在。对于煤炭开采初期存在的低渗透性和裂隙体价比例较低的情况,模型存在简单的分歧结构。

Zhu Mingshan 等[61]推导出了采空区自燃的数学模型,模拟空气在煤、混凝土块、矸石的混合物均匀体内的二维渗流,并与颗粒随着温度升高发生符合 Arrhenius 定律的反应。分析了空气渗流流量、源与汇的位置、煤堆几何参数以及煤升温过程中的动力参数等,并对多种条件下采空区内温度的动态变化过程进行分析。Gaetano Continillo 等[62]建立了存在弱自然对流的煤堆自燃的基本瞬时二维模型,包括质量、能量和动量平衡方程。模型假设平面二维对称,气相密度的改变采用布辛涅司克近似,动量平衡为准动态过程,固态反应物的消耗可以忽略。结果说明了从点火加热达到稳定燃烧及震荡燃烧的条件,研究了不同瑞利数对系统的动态影响。卞晓锴等[63]建立了采空区温度场的数学模型,并用有限差分数值方法进行模拟计算,得出了煤因氧化放热导致煤温随时间变化呈指数上升的规律以及点热源附近温度场随时间的变化规律。提出采用测量煤层中两点间温差的变化来预报高温点温度的方法,此法由于消除了矿井空气温度波动因素的影响,具有较高的稳定性。

邓军、文虎等[64-66]通过大量实验研究表明采空区浮煤自燃主要取决于浮煤厚度、氧浓度、漏风强度、推进速度和自然发火期 5 个参量,建立了综放工作面采空区温度变化的动态数学模型,用计算机动态模拟采空区浮煤自然升温过程,及时反映采空区温度分布状态及其动态变化规律,确定了工作面的最小推进速度。对采空区浮煤自燃危险性进行超前预测,指导了综放工作面的安全生产。

二、松散煤体中 CO 气体的扩散规律

齐庆杰、黄伯轩[67]对采空区点火源式用单纯源项处理的 CO 扩散问题提出了数值计算方法。近年来辽宁工程技术大学在此领域研究较多,李宗翔等[68]给出了可视化动态分布求解结果,建立了煤自燃与 CO 生成的统一模型,利用基于有限元法的 G3 软件程序模拟分析了采空区遗煤自燃时的 CO 和 CO_2 绝对涌出量,并讨论了采空区瓦斯抽采、注氮等因素对 CO 产生和涌出的量化影响规律,得到 CO 沿工作面回风边界涌出强度偏重于回风隅角,沿边界分布呈急剧衰减变化的结论;指出控制遗煤自燃和控制 CO 生成两者一般是非同步的,指出采空区 CO 气体产生和扩散移动是受漏风供氧、蓄热升温及瓦斯涌出等多种因素综合作用,在理论描述上属于一场多组分气体渗流扩散、气固耦合温度场动态变化联立求解问题[69-71]。邓存宝、王继仁等[72]根据气体传质理论,提出煤矿井下火区封闭后 O_2 浓度减小和 CO 等有害气体的积聚是以气体分子在多孔介质中扩散为主要运移形式的质量传递过程。分析 O_2、CO 通过封闭墙和煤层等多孔介质的扩散机理,并推导了有效扩散系数的计算公式。

目前,采空区煤自燃数值模拟及自燃机理相关研究模型从一维已经发展到三维、从静态模拟发展到动态模拟,同时在模拟过程中综合考虑了水分、粒径及漏风、推进速度等对煤自燃的影响。本书拟在前人的研究基础上,借助于采空区动态模型,对含有 CO 产生源的采空区 CO 气体积聚进行模拟。

第五节　煤层一氧化碳来源

一、煤自燃 CO 指标

煤氧化产生的气体产物种类及其与煤温的对应关系随煤质不同而异。因此,利用气体分析法来预报煤炭自燃时,因 CO 作为整个煤自然氧化的伴随产物出现在整个煤氧复合反应过程中,所以被一致认为是预测预报火灾的非常有效的指标气体[73-74]。国内外学者做了大量的实验对 CO 单体指标及复合指标进行研究,J. I. Graham[75] 提出了格瑞哈姆比值,即用 CO/O_2 的比值作为煤自然发火的指标,随着煤的氧化程度增加该指标参数上升。煤自然氧化初期其值在 $0\sim$ 0.4 之间,当产生大量热的时候,该值可以达到 $0.5\sim10$ 之间。E. C. A. Chamberlin 等[76]指出,当利用 IR 技术使得 CO 浓度的测量能够精确到 0.000 1% 时,CO 即可作为火灾指标气体,并通过实验证实在煤氧复合反应过程中,CO 比其他烷类和烯类气体出现得更早;R. N. Chakravorty 和 K. K. Feng[77]通过精确控制的煤程序升温实验,得到了 CO 的产生速率和温度之间的关系:CO/O_2 的数量值从 50 ℃ 的 0.2% 升到 150 ℃ 的 1.6%。John Whyatt[78]通过采用束管监测系统 CO 电子监测器对采空区 CO 气体进行监测判断火区的灾情,同时认为 CO 是最主要的自燃指标,在 CO 气体被监测以前一些热的物理信号也会被监测到,比如气味、汗珠或者烟雾会在火区附近出现。

梁运涛等[79]通过对我国八大典型煤种煤样的自然发火模拟实验,对煤样氧化自燃气体产物进行了定性和定量分析,得出了各煤种从缓慢氧化阶段发展为加速氧化阶段的灵敏气体指标,认为虽然不同的煤种 CO 气体作为指标的主次不同,但是 CO 为必选指标之一。并采用 CO/CO_2 比值作为煤自然发火指标气体对安家岭井下的煤自燃危险程度进行了判断[80];依据煤自燃指标气体的特点主要采用煤自燃程序升温实验获取[35,81]。肖旸等[82]通过对兖州矿区煤样进行热重分析和自然发火实验,将煤自然氧化过程分为 7 个特征温度区,并得出煤自然氧化过程中相应的 CO 指标气体变化对应关系。

二、煤层开采过程中 CO 气体的产生

1. 原始煤层中赋存

张代钧[83]认为,褐煤阶段已经进入成岩阶段,属煤化作用的未变质阶段。

有机质热降解作用已经开始并且逐步加深，生物化学作用逐步减弱，主要生成 CH_4 及其他挥发物。煤化作用是沉积有机质腐殖型干酪根的热降解过程。热降解作用分离出来的 CH_4、CO、CO_2 等挥发物一部分游离在煤岩的微孔隙及裂隙之中，一部分溶解在孔隙或裂隙的水中，还有一部分通过分子渗滤或微粒渗透，运移到煤层的顶、底板岩层或穿透顶、底板扩散到其他岩层之中。魏国栋[3]认为，煤在变质过程中，随着煤层埋深增加、温度升高、煤化作用程度增加，煤的基本结构单元的芳香核苯环数增加，侧链和官能团逐渐分解、断裂，在核缩聚、侧链分解引起的分子结构的改造和重建过程中，伴随有气、液态产物不断形成，由于侧链的脱落氧化生成大量的 CO 被吸附在煤层中，包围于致密的围岩中或由于煤层裂缝不发育而保存下来。毛允德、高玉成[84]认为，地质构造作用（如岩浆的侵入）使得煤层的变质作用局部变化较大，形成异常区域，生成的 CO 被煤体吸附而保存下来。在中煤级变质向高煤级变质发展过程中，羧基碳仅在片状煤中存在，至高煤级变质变形环境中已经全部消失，认为构造应力作用如同岩浆热力作用也可导致含氧官能团和侧链的减少，从而有可能释放出 CO 等气体。

魏国栋、迟春城等[3-4]通过调节风量和调节矿井负压，发现随着负压增加 CO 浓度增加，据此认为扎赉诺尔煤业公司西山矿南斜井四3采区开采煤层中赋存 CO 气体；朱令起等[6-7]采取了封闭式钻孔方法观测的实验方法，认为煤体赋存有 CO，并通过研究不同开采煤层对 CO 的吸附性能来验证此结论[85]；何启林等[86]对龙东煤矿钻孔中出现 CO 的原因进行研究，认为煤层本身含有 CO。

2. 煤的缓慢氧化过程产生

杨广文等[87]将原始煤层煤样装入密封的反应罐中，在保持一定环境温度和压力的条件下，分析反应罐中的气体组分随时间的变化规律，发现 CO 气体浓度随着时间的变化不断升高，当达到 0.22% 以后，就不再升高，据此验证该煤层工作面回风隅角 CO 气体主要是由原煤低温氧化所产生。程远平、李增华[88]采用自制的煤炭低温吸氧过程实验装置，通过对煤炭低温吸氧过程的热效应分析，表明空气中的氧气分子与煤体发生化学反应，并生成一定的氧化产物，在低温氧化过程中生成的主要是 CO。徐精彩等[22]认为煤氧复合经历三个步骤，最终产生 CO、CO_2 等气体产物。薛冰等[89]采用脉冲量热仪研究，认为低阶煤在干燥空气中低温氧化过程中，氧在煤粒表面吸附并生成氧自由基，氧自由基与煤发生氧化反应生成 CO。Wang Haihui 等[27,90-91]用低温流化床反应器测定了气体释放速度，研究了煤低温氧化机理，应用在线色谱仪测定煤脱附和氧化产生 CO 和 CO_2 的速度。

3. 煤体表面基团断裂分解产生

捷克的塔拉巴[56]通过对褐煤到无烟煤的 12 种煤样进行绝氧破碎，理论分析了 CO 解析的不可能，确定 CO 是煤体破碎过程中产生，并结合红外光谱分析,证明研磨过程中羟基较早被机械激活分解产生 CO。

三、煤对 CO 的吸附

煤是一种复杂的多孔介质,是一种天然的吸附剂。在对其研究的过程中,众多科研工作者做了大量工作,也取得重要的科研成果,国内外大多数学者认为,煤层中 CH_4 和 N_2 的吸附可以用 Langmuir 吸附模型来描述,对 CO_2 气体的吸附可以采用 BET 吸附模型来表征[92]。大量的实验研究表明,气体在煤中的赋存状态有 3 种基本形式:① 以游离态存在于煤的孔隙和裂隙内;② 80%～90% 的气体以吸附态存在于煤的孔隙和裂隙表面;③ 以溶解态存在于煤层水中[93-94]。郭立稳、肖藏岩、刘永新、朱令起、王月红、张九零等[6,95-99]采用 WY-98A 型吸附常数测定仪测定了煤吸附 CO 的量,测得了在温度为 30 ℃、40 ℃、50 ℃、55 ℃、60 ℃下煤样对 CO 的等温吸附数据,得出了煤层中 CO 的吸附量;在理论上分析出煤层吸附 CO 不符合单分子层吸附模型。温度较低时,煤层吸附 CO 的量可以用 Langmuir 方程计算;温度较高时,吸附 CO 的量与煤层压力呈线性关系。并根据已知的东欢坨煤矿的数据资料和实验室实验数据,将煤层的工业分析、显微煤岩组分分析、元素分析之间和 CO 的吸附进行对比研究,建立了各个要素之间的数学模型,并进行了相关的关联分析。研究了煤孔隙结构、煤的元素、煤的变质程度等对煤层吸附 CO 的影响规律。刘仲田[56]通过应用量子化学理论计算的方法从微观方面研究煤表面对多组分气体的吸附,得到了吸附平衡后的几何构型,建立了混合吸附模型。比较各气体与表面分子片段吸附能,得出多组分气体分子与煤表面混合吸附的竞争性和亲和性。煤表面与矿井采空区各种气体发生吸附时的亲和顺序为:氧气＞水＞二氧化碳＞氮气＞一氧化碳＞甲烷。

因此,单一的 CO 气体和 CO 综合指标已经被公认为煤自然氧化程度判断的重要指标;关于煤层开采过程中 CO 气体的来源理论主要包括原煤层赋存、煤氧复合及煤分子分解等 3 个方面,其中原始煤层中赋存 CO 及分解 CO 的理论,目前主要依据推断及假设,很少有煤层赋存、分解产生 CO 过程的可靠实验以及微观机理研究;煤对 CO 的吸附实验手段主要为物理实验和数值模拟,其研究目的在很大程度上是为研究原始煤层中是否含有 CO 奠定基础。

本 章 小 结

本章结合煤自燃经典学说,围绕煤氧复合作用学说分析了煤自然低温氧化机理,研究了煤低温氧化过程中的热量、质量变化及煤自燃的影响因素,并将 CO 气体作为煤自燃气体指标之一。通过研究煤样分子表面官能团的结构,理论分析了 8 个官能团对氧的化学吸附过程,确定了 3 个官能团与氧反应生成 CO

的动力过程。通过理论分析、模拟研究发现,煤氧化过程中 CO 的生成主要经过 3 个步骤:第一步是煤氧的吸附,包括物理吸附和化学吸附;第二步是煤氧的化学反应,通过煤分子分解和断裂生成过渡态;第三步是煤氧复合产生包含 CO 的多种气体。并结合煤层开采特点总结出煤层开采过程 CO 的来源主要由原始煤层赋存、煤低温氧化以及煤分子结构断裂等构成。

第二章 煤低温氧化一氧化碳产生规律

煤氧化是一个非常复杂的物理、化学变化过程,是多变的自加速放热过程,该过程主要是煤氧复合过程。其中,物理变化含有气体的吸附、脱附、水分的蒸发与凝结,其与煤的热传导、结构、煤体的堆积程度及粒径分布等关系较大;化学变化包含煤表面分子中各种活性基团与氧发生化学吸附和化学反应,生成各种含氧基团及产生多种气体,同时伴随着热效应(有放热和吸热)。由于化学反应后煤的大分子内部交联键发生重新分布,从而使煤的物理、化学性质发生变化,并进一步影响煤氧复合进程。因此,煤氧复合过程及其放热特性随着温度以及氧气浓度等因素的不同而不同。本书在研究过程中,利用程序升温实验,测试了CO产生随着温度、氧气浓度的变化规律,分析掌握不同阶段煤氧化生成CO的特点及影响因素。

第一节 煤低温氧化实验

一、实验装置及原理

实验装置如图 2-1 所示,在一个直径 9.5 cm、长 25 cm 的钢管中,装入煤量 1.1 kg,为使通气均匀,上下两端分别留有 2 cm 左右自由空间(采用 100 目铜丝网托住煤样),然后置于利用可控硅控制温度的程序升温箱内加热,并送入预热空气,测定分析不同煤温时的气体成分,当温度达到要求后,停止加热,打开炉门,进行自然对流降温,并测定不同煤温时的气体成分。

整个实验测定系统分气路、控温箱和气样采集分析三部分。

(1)气路部分

气体由 WM-6 型无油气体压缩机提供,通过三通流量控制阀和浮子流量计进入控温箱内预热,然后流入煤样罐通过煤样,从排气管经过干燥管直接进入气相色谱仪进行气样分析。

(2)煤样罐及控温部分

为了能反映出煤样的动态连续耗氧过程和气体成分变化,按照与大煤样实验的相似条件,推算出实验管面积为 70.88 cm² 时,最小供风量为:

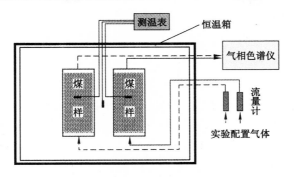

图 2-1　程序升温实验流程图

$$Q_小 = Q_大 \times S_小 / S_大 = 41.8 (\text{mL/min}) \qquad (2\text{-}1)$$

式中　$Q_小$，$S_小$——煤样罐的供风量（mL/min）和断面积（cm²）；

　　　$Q_大$，$S_大$——大实验台的供风量（0.1～0.2 m³/h）和断面积（0.282 6 m²）。

一般煤样常温时最大耗氧速度小于 2×10^{-10} mol/(cm³·s)，确定煤样罐装煤长度为 22 cm，气相色谱仪分辨率为 0.5%（即最大氧浓度为 20.89%），为使煤样罐煤样入口和出口之间的氧浓度之差能在矿用气相色谱仪分辨范围内，最大供风量为：

$$Q_{max} = \frac{v_0(T) \cdot S_小 \cdot L \cdot f}{c_0 \ln(\frac{c_0}{c})} = \frac{2 \times 10^{-10} \times 70.88 \times 22 \times 0.5}{\frac{0.21}{22.4 \times 10^3} \times \ln(\frac{21}{20.89})} \times 60$$

$$= 190.0 \ (\text{mL/min})$$

因此，实验供风量范围在 41.8～190.0 mL/min 之间。

当流量为 41.8～190.0 mL/min 时，气流与煤样的接触时间为：

$$t = L \cdot f \cdot S_小 / Q = 4.1 \sim 18.65 \ (\text{min}) \qquad (2\text{-}2)$$

式中　L——煤样在煤样罐内的高度，cm；

　　　f——空隙率，%；

　　　$S_小$——煤样罐断面积，cm²；

　　　Q——供风量，cm³/min。

为了使进气温度与煤样温度基本相同，在程序升温箱内盘旋 2 m 铜管，气流先通过盘旋管预热后再进入煤样。

程序升温箱采用可控硅控制调节器自动控制，其炉膛空间为 50 cm×40 cm×30 cm。

在实验过程中发现煤样罐松散煤样导热性很差，在实验前期（100 ℃以下），炉膛升温速度快而煤样罐内煤样升温速度很慢；实验测定时，探头显示的温度基本上是煤样最低温度，煤样升温滞后于程序升温箱内温度；在实验后期（100 ℃以上），煤氧化放热速度加快，煤样内温度超过程序升温箱温度，探头显示的温度基本上是煤样的最高温度。

（3）气体采集及分析部分

煤样罐内煤样采用压入式供风，煤样罐中煤样的排气通过干燥器，然后直接送入气相色谱仪内直接进行气体成分分析，排气管路长 2 m，管径 2 mm。

二、煤升温氧化 CO 产生率

程序升温实验过程中，测试不同条件下 CO 浓度可以反映出 CO 的产生与漏风的平衡状态，以及总体氧化趋势。同时为了分析各煤样氧化升温阶段 CO 的产生量，采用 CO 速率进行特定条件下 CO 生成规律的研究。在程序升温实验台中，由于煤体消耗氧，氧气浓度沿着风流方向不断减小，而 CO 浓度不断增大。炉体内某一点处煤体的 CO 产生率与耗氧速度成正比，即

$$\frac{v_{CO}(T)}{v_{CO}^0(T)} = \frac{v_0(T)}{v(T)} = \frac{c}{c_0} \tag{2-3}$$

式中 $v_{CO}(T)$ ——CO 产生速率，$mol/(cm^3 \cdot s)$；

$v_{CO}^0(T)$ ——标准氧浓度（21%）时的 CO 产生速率，$mol/(cm^3 \cdot s)$。

由式（2-3）可推得炉体内任意点的氧浓度为：

$$c = c_i \cdot e^{\frac{v_{O_2}^0(T) \cdot S \cdot n}{Q \cdot c_0} \cdot (Z - Z_i)} \tag{2-4}$$

式中，c_i 和 Z_i 分别为某一已知点的氧浓度和该点到入口的距离。

$$dc_{CO} = v_{CO}(T)d\tau, d\tau = \frac{dZ}{u}, u = \frac{Q}{S \cdot n} \tag{2-5}$$

设高温点氧浓度为 c_1，到入口的距离为 Z_1；其后一点的氧浓度为 c，到入口的距离为 Z_2。将式（2-5）代入式（2-4）并积分得：

$$c_{CO}^2 - c_{CO}^1 = \int_{Z_1}^{Z_2} \frac{v_{CO}(T)}{u} dZ$$

$$= \int_{Z_1}^{Z_2} \frac{S}{Q} \cdot \frac{c \cdot v_{CO}^0(T)}{c_0} \cdot n dZ$$

$$= \frac{S \cdot n \cdot v_{CO}^0(T)}{Q \cdot c_0} \int_{Z_1}^{Z_2} c_1 \cdot e^{-\frac{v_0(T) \cdot S \cdot n}{Q \cdot c_0} \cdot (Z - Z_1)} dZ$$

由上式得标准氧浓度时的 CO 产生率为：

$$v_{CO}^0(T) = \frac{v_0(T) \cdot (c_{CO}^2 - c_{CO}^1)}{c_0 \cdot \left[1 - e^{-\frac{v_0(T) \cdot s \cdot n \cdot (Z_2 - Z_1)}{Q \cdot c_0}} \right]} \tag{2-6}$$

第二节   温度对一氧化碳生成的影响

一、实验方法

1. 实验装置

该实验主要采用自制研发的程序升温实验装置进行，在实验过程中对不同

粒径煤样进行被动加热,获取不同温度条件下 CO 浓度及产生率。

2. 实验煤样

选取灵武矿区具有开采代表性 1#、2# 及 15# 煤样进行实验研究,为了使获取的实验参数具有一定的规律性和普遍性,分别将选取的 3 组煤层煤样进行破碎,对同一煤样进行随机粒径组合,主要粒径为:0～0.9 mm、0.9～3 mm、3～5 mm、5～7 mm 和 7～10 mm 的 5 种煤样,本书中所提到的混合煤样指以上 5 种煤样按照 1∶1∶1∶1∶1 的比例进行的混合煤样,在以下图中标示为 mix 煤样。

3. 实验条件

实验过程中保持供风量为 120 mL/min,升温速度控制在 0.3 ℃/min。实验煤样条件见表 2-1。

表 2-1　　　　　　　　　煤样程序升温实验条件

煤样	粒度 /mm	平均粒径 /mm	煤高/cm	煤重/g	煤体积 /cm³	容重 /(g/cm³)	空隙率 /%
1#煤层煤样	0～0.9	0.45	17.1	1 100	1 342.35	0.819 5	0.414 7
	0.9～3	1.95	17.3	1 100	1 358.05	0.810 0	0.421 4
	3～5	4.00	16.5	1 100	1 295.25	0.849 3	0.393 4
	5～7	6.00	17.5	1 100	1 373.75	0.800 7	0.428 1
	7～10	8.50	16.9	1 100	1 326.65	0.829 2	0.407 7
	mix	4.18	17.0	1 100	1 334.50	0.824 8	0.411 2
2#煤层煤样	0～0.9	0.45	15.5	1 100	1 216.75	0.904 0	0.354 3
	0.9～3	1.95	15.6	1 100	1 224.60	0.898 3	0.358 4
	3～5	4.00	15.7	1 100	1 232.45	0.892 5	0.362 5
	5～7	6.00	15.8	1 100	1 240.30	0.886 9	0.366 5
	7～10	8.50	15.9	1 100	1 248.15	0.881 3	0.370 5
	mix	4.18	12.5	1 100	981.25	1.121 0	0.199 3
15#煤层煤样	0～0.9	0.45	18.5	1 100	1 452.25	0.757 4	0.459 0
	0.9～3	1.95	20.3	1 100	1 593.55	0.690 3	0.506 9
	3～5	4.00	19.6	1 100	1 538.60	0.714 9	0.489 3
	5～7	6.00	20.5	1 100	1 609.25	0.683 5	0.511 8
	7～10	8.50	19.5	1 100	1 530.75	0.718 6	0.486 7
	mix	4.18	20.2	1 100	1 585.70	0.693 7	0.504 5

4. 实验过程

将装入煤样的容器放入程序实验炉内,通入空气 2 min 后开始对容器进行升温,煤体的温度每升高 10 ℃ 取 1 次气样,然后采用气相色谱进行分析,每个煤样如此重复实验 6 次,共对 3 个煤样进行 18 次实验。

二、不同温度阶段 CO 浓度变化规律

1. 实验数据处理

分别按照以上设计实验方法对 1#、2# 及 15# 煤层煤样进行程序升温实验,对同一煤层煤样的 6 组实验数据(CO 浓度及产生率)进行算术平均,然后利用平均值进行曲线拟合。为了便于对数据进行处理,保证回归曲线的准确性和科学性,在数据处理过程中主要采用 OriginPro8 工具进行计算。处理步骤如下:

(1) 将实验数据导入 OriginPro8 工具的 Worksheet 表中,准备分析;

(2) 选取 6 组数据及温度坐标轴,点击"Plot/Symbo/Scatter",获取 6 组 CO 浓度在不同温度下的散点分布图;

(3) 在 Graph 图框条件下,点击"Analysis/Average multiple curves",得到不同温度阶段 CO 的算术平均产生量;

(4) 选中"Average multiple curves",根据对数据趋势的初步判断,点击"Analysis/Fitting/Fit polynomial"或者"Fit linear"对数据进行合理的拟合;

(5) 对回归方程进行重复验证,最终得到和实际测试数据最为接近的拟合曲线。

2. 实验结果分析

根据以上所述实验数据处理方法,则可以得到如图 2-2～图 2-4 所示 1#、2# 及 15# 煤层煤样在不同温度阶段的 CO 浓度变化曲线。通过分析图中曲线可以看出,3 个煤样的 CO 浓度和温度对应关系变化趋势相同,在低温阶段比较平缓,增加速率从 60 ℃ 左右开始加快,达到 110 ℃ 以后增加的趋势更加明显。整体的变化趋势呈多项式递增,通过对不同参数进行重复模拟,最终得到灵武矿区 1#、2# 煤层煤样 CO 浓度随温度变化曲线满足 4 次多项式方程,15# 煤层煤样 CO 浓度随温度变化满足 3 次多项式回归方程,记 X 轴为煤体温度,Y 轴为 CO 气体浓度,则可以得到实验煤样 CO 浓度和温度的定量关系方程为:$Y = Intercept + B_1X + B_2X^2 + B_3X^3 + B_4X^4$,方程参数取值见表 2-2。

表 2-2 　　　　　　　　　CO 浓度和温度关系拟合曲线系数表

序号	煤样名称	$Intercept$	B_1	B_2	B_3	B_4
1	枣泉煤矿 1# 煤层煤样	892.88	−76.77	2.06	−0.02	$7.51E^{-5}$
2	枣泉煤矿 2# 煤层煤样	110.98	26.09	0.44	−0.005	$2.122E^{-5}$
3	灵新煤矿 15# 煤层煤样	−591.05	−13.17	−0.37	−0.003	0

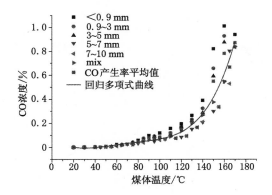

图 2-2 枣泉煤矿 1# 煤层煤样 CO 浓度随温度变化曲线

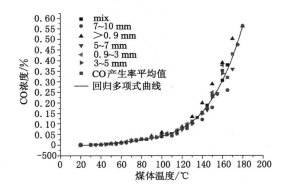

图 2-3 枣泉煤矿 2# 煤层煤样 CO 浓度随温度变化曲线

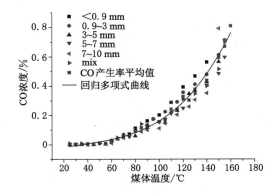

图 2-4 灵新煤矿 15# 煤层煤样 CO 浓度随温度变化曲线

三、温度对 CO 产生率的影响

1. 实验数据处理

通过对 $1^{\#}$、$2^{\#}$ 及 $15^{\#}$ 煤层煤样 CO 产生率数据组进行处理,获取 3 个煤样低温阶段不同温度的 CO 产生率,并对 CO 产生率和温度之间关系进行函数拟合。在数据处理过程中同样采用 OriginPro8 数据进行辅助计算。计算步骤如下:

(1) 对实验数据进行整理,并导入 OriginPro8 中 Worksheet,准备分析;

(2) 选取 1 种煤样的 6 组 CO 产生率为纵坐标,温度为横坐标,点击"Plot/Symbo/Scatter",获取 6 组 CO 产生率在不同温度下的散点分布图;

(3) 在 Graph 图框条件下,点击"Analysis/Average Multiple Curves",得到不同温度阶段 CO 产生率的算术平均值;

(4) 选中 CO 平均产生率曲线 Average Multiple Curves,根据对数据趋势的初步判断,点击"Analysis/Fitting/Fit polynomial"或者"Fit linear"对数据进行合理的拟合;

(5) 对曲线进行重复验证,最终得到和实际测试数据最为接近的拟合曲线,拟合过程中,需要根据数据的特点对数据进行分阶段处理。

2. 实验结果分析

根据以上所述实验数据处理方法,则可以得到如图 2-5～图 2-7 所示 $1^{\#}$、$2^{\#}$ 及 $15^{\#}$ 煤层煤样在不同温度阶段的 CO 产生率变化趋势,根据分析结果,分别对 3 组煤样 CO 产生率和温度的关系进行定量分析。

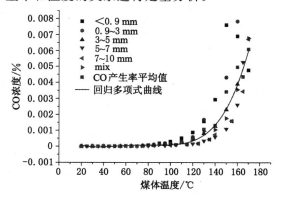

图 2-5 枣泉煤矿 $1^{\#}$ 煤层煤样不同温度阶段 CO 产生率变化曲线

(1) 温度对 $1^{\#}$ 煤层煤样 CO 产生率的影响规律

通过分析图 2-5 可以得到,$1^{\#}$ 煤层煤样在 110 ℃之前 CO 的产生率变化比较平缓,在 110 ℃的值为 3.19×10^{-11} mol/(cm³·s),温度超过 110 ℃以后 CO

的产生率速度明显增加,到 170 ℃ 最高达到 $60.875\ 55 \times 10^{-11}\ mol/(cm^3 \cdot s)$,但是整个低温阶段 CO 的产生率具有规律性,通过对该曲线选取多种回归方程进行多次重复模拟,最终得到枣泉煤矿 $1^{\#}$ 煤层煤样 CO 产生率服从 4 次多项式回归方程,记 X 轴为煤体温度,Y 轴为 CO 气体浓度,则可以得到 $1^{\#}$ 煤层煤样 CO 产生率和温度的定量关系方程为:$Y = Intercept + B_1 X + B_2 X^2 + B_3 X^3 + B_4 X^4$,方程中各参数取值见表 2-3。

表 2-3　枣泉煤矿 $1^{\#}$ 煤层煤样 CO 产生率和温度关系拟合曲线系数表

序号	煤样名称	$Intercept$	B_1	B_2	B_3	B_4
1	枣泉煤矿 $1^{\#}$ 煤层煤样	8	-0.64	0.017	$-1.74E^{-4}$	$6.403E^{-7}$

(2)温度对 $2^{\#}$ 煤层煤样 CO 产生率的影响规律

$2^{\#}$ 煤层煤样 CO 产生率随温度的变化曲线分析结果如图 2-6 所示,可以看出,$2^{\#}$ 煤层煤样在低温阶段 CO 产生规律具有明显的分阶性特点,根据数据的变化特征可以将其分为 3 个阶段,第一个阶段温度在 20~40 ℃ 之间,如图 2-6(a)所示,该阶段 CO 的产生率和温度呈直线形增加关系,CO 产生率从 $0.000\ 4 \times 10^{-11}$ mol/(cm³ · s)升至 $0.002\ 1 \times 10^{-11}$ mol/(cm³ · s),总体上 CO 产生率较小,且不稳定,根据煤常温阶段产生机理推断,该阶段 CO 的产生主要是煤分子在外力的作用下产生大量的断键,与氧气发生复合反应,产生 CO 气体,整个变化曲线服从直线方程,记 X 轴为煤体温度,Y 轴为 CO 产生率,则该阶段 $2^{\#}$ 煤层煤样 CO 产生率和温度的定量关系方程可拟合为:$Y = -0.001\ 38 + 0.000\ 09X$。

枣泉煤矿 $2^{\#}$ 煤层煤样 CO 产生率和温度关系的第二个阶段温度在 50~90 ℃ 之间,该阶段 CO 的产生率随温度呈曲线形增加,CO 产生率从 0.056×10^{-11} mol/(cm³ · s)升至 0.28×10^{-11} mol/(cm³ · s),增加速率开始上升,说明该阶段的 CO 产生来源受到煤氧复合作用的影响,但反应不是十分充分,推论主要是由煤分子表面活性官能团和 O_2 复合作用产生 CO 气体。从宏观上进行分析,该阶段整个曲线变化服从 2 次多项式回归方程,记 X 轴为煤体温度,Y 轴为 CO 产生率,则该阶段 $2^{\#}$ 煤层煤样 CO 产生率和温度的定量关系方程可拟合为:$Y = 0.315 - 0.013X + 0.000\ 145X^2$。

枣泉煤矿 $2^{\#}$ 煤层煤样 CO 产生率和温度的关系的第三个阶段温度在 100~180 ℃ 之间,如图 2-6(c)所示,该阶段 CO 的产生率和温度呈曲线形增加,CO 产生率从 $0.101\ 04 \times 10^{-11}$ mol/(cm³ · s)升至 30×10^{-11} mol/(cm³ · s),增加速率急剧上升,说明该阶段 CO 来源受煤氧复合作用的影响已经相当明显,煤氧复合反应较为充分,推测应为煤分子结构中容易氧化的交联键和氧气进行化学反应产生 CO 气体。从宏观上进行分析,该阶段整个 CO 产生率变化服从 4 次曲线方程,记 X 轴为煤体温度,Y 轴为 CO 产生率,则该阶段 2# 煤层煤样 CO 产生率和温度的定量关系方程可拟合为:$Y = 384.62 - 12.81X + 0.159X^2 - 0.000\ 869X^3 + 0.000\ 001\ 79X^4$。

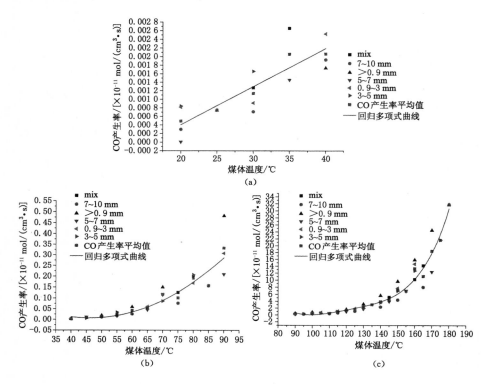

图 2-6　枣泉煤矿 2# 煤层煤样不同温度阶段 CO 产生率变化曲线

(a) 20～40 ℃;(b) 50～90 ℃;(c) 100～180 ℃

(3) 温度对 15# 煤层煤样 CO 产生率的影响规律

15# 煤层煤样 CO 产生率随温度的变化规律如图 2-7 所示,在低温阶段 CO 产生规律也具有分阶性的特点,可将其分为 3 个阶段,第一个阶段温度在 25～55 ℃ 之间,如图 2-7(a) 所示,该阶段 CO 的产生率和温度呈线性增加关系,CO 产生率从 $0.000\ 5×10^{-11}\ mol/(cm^3 \cdot s)$ 升至 $0.016×10^{-11}\ mol/(cm^3 \cdot s)$,该阶段 CO 产生率较小,且不稳定,同样可以解释为该阶段 CO 产生的主要来源是煤分子由于外力的作用产生大量的断键,与氧气发生复合反应。产生 CO 气体规律变化服从线性方程,记 X 轴为煤体温度,Y 轴为 CO 产生率,则该阶段 15# 煤层煤样 CO 产生率和温度的定量关系方程可拟合为:$Y = -0.012\ 01 + 0.000\ 179X$。

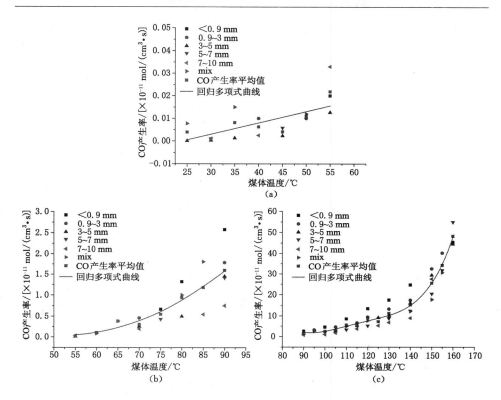

图 2-7　灵新煤矿 15# 煤层煤样不同温度阶段 CO 产生率变化曲线

(a) 25~55 ℃；(b) 55~90 ℃；(c) 90~160 ℃

灵新煤矿 15# 煤层煤样 CO 产生率和温度关系的第二个阶段温度在 55~90 ℃之间，该阶段 CO 的产生率和温度呈曲线形增加，CO 产生率从 0.016×10^{-11} mol/(cm³·s)升至 1.58×10^{-11} mol/(cm³·s)，增加速率开始上升，同样表明该阶段的 CO 产生来源已经受到煤氧复合作用的影响，但是反应不是十分充分，推论主要是由煤分子表面官能团断裂和氧气复合作用产生 CO 气体。从宏观上进行分析，该阶段整个曲线变化也服从 2 次曲线方程，记 X 轴为煤体温度，Y 轴为 CO 产生率，则该阶段 15# 煤层煤样 CO 产生率和温度的定量关系方程可拟合为：$Y = 2.815 - 0.108X + 0.001\ 04X^2$。

灵新煤矿 15# 煤层煤样 CO 产生率随温度关系的第三个阶段温度在 90~160 ℃之间，如图 2-7(c)所示，该阶段 CO 的产生率和温度呈曲线形增加，CO 产生率的值从 1.58×10^{-11} mol/(cm³·s)升至 47.88×10^{-11} mol/(cm³·s)，增加速率急剧上升，说明该阶段 CO 来源受煤样复合作用的影响相当明显，煤氧复合反应较为充分，推测该阶段 CO 的产生应为煤分子内部交联键部位和氧气进行化学反应产生 CO 气体。从宏观上进行分析，该阶段整个曲线变化服从 4 次曲线方程,记 X 轴为煤体温度,Y 轴为 CO 产生率,则该阶段 15$^\#$ 煤层煤样 CO 产生率和温度的定量关系方程可拟合为:$Y = 1\ 374.7 - 48.65X + 0.64X^2 - 0.003\ 7X^3 + 0.000\ 008\ 06X^4$。

第三节　氧气浓度对一氧化碳生成的影响

一、实验方法

1. 实验装置

该实验主要采用自制研发的程序升温实验装置进行实验,在实验过程中通过对相同的煤样改变供氧条件,研究同一温度条件下和不同氧气浓度对煤氧化生成 CO 的影响。

2. 实验煤样

选取灵武矿区最易氧化的 2$^\#$ 煤层煤样进行实验研究,对煤样进行破碎,筛选出 0~0.9 mm、0.9~3 mm、3~5 mm、5~7 mm 和 7~10 mm 等粒径煤样,并进行充分混合,分别装入不同的 6 个实验容器中以备实验。

3. 实验条件

实验前分别配备好氧气浓度为 4%、8%、12%、14%、18% 的气体,其他组分为 N$_2$ 等惰气,实验过程中维持供风量为 120 mL/min 不变。实验煤样条件见表 2-4。

表 2-4　　　　　　　　　煤样加热程序升温实验条件

序号	氧气浓度/%	平均粒径/mm	煤样罐煤高/cm	煤重/g	煤体积/cm³	容重/(g/cm³)	空隙率/%	升温速度/(℃/min)
1	4	4.18	11.3	1 000	1 318.80	0.758 3	0.458 4	0.3
2	8	4.18	11.4	1 000	1 303.10	0.767 4	0.451 9	0.3
3	12	4.18	11.5	1 000	1 295.25	0.772 1	0.448 5	0.3
4	14	4.18	11.4	1 000	1 295.25	0.772 1	0.448 5	0.3
5	18	4.18	11.5	1 000	1 287.40	0.776 8	0.445 2	0.3
6	21(空气)	4.18	11.6	1 000	1 287.40	0.776 8	0.445 2	0.3

4. 实验过程

将装入煤样的实验容器放入程序实验炉内,通入 4% 氧气浓度的气体 2 min 后开始对容器进行升温,煤体的温度每升高 10 ℃取 1 次气样,然后采用气相色谱进行分析,如此重复实验 6 次,分别对煤样通入氧气浓度为 4%、8%、12%、14%、18% 以及 21%(空气)的气体进行实验,主要分析不同温度下 CO 浓度和产生率。

5. 实验数据处理

实验数据处理过程中采用 OriginPro8 数据包进行辅助处理。过程如下:

(1) 对实验数据进行初步分析、删选,并导入 OriginPro8 中 Worksheet,以备分析;

(2) 分别选中需要分析的数组,点击"Plot/Symbo/Scatter",获取不同氧气浓度、不同温度阶段 CO 浓度和产生率的散点分布图;

(3) 在 Graph 图框下,根据对数据趋势的初步判断,点击"Analysis/Fitting/Fit polynomial"或者"Fit linear"对数据进行合理的拟合;

(4) 对曲线进行重复验证,最终得到和实际测试数据最为接近的拟合曲线,拟合过程中,需要根据数据的特点对数据可以进行分阶段处理。

二、氧气浓度对 CO 生成量的影响

1. 低浓度氧气条件下 CO 产生量随温度的变化规律

通过程序升温实验对 4%、8% 氧气浓度条件下的 CO 浓度进行分析,得到如图 2-8 所示结果。

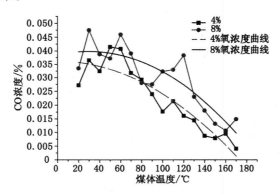

图 2-8　氧浓度为 4%、8% 时 CO 浓度随温度变化曲线

从图 2-8 可以看出,CO 浓度随温度变化趋势相同,总体呈下降趋势,同一温度状态 4% 氧浓度条件下 CO 的浓度小于 8% 氧浓度时的浓度,通过对此拟合及对误差进行分析,发现两条曲线都能较好地服从 2 次多项式回归方程,记 X 轴为煤体温度,Y 轴为 CO 气体浓度,则可以得到 4%、8% 氧气浓度条件下 CO 浓度和温度的定量关系服从方程:$Y = Intercept + B_1 X + B_2 X^2$。各参数取值见表 2-5。

表 2-5 **氧浓度为 4%、8% 时 CO 浓度和温度关系拟合曲线系数表**

序号	拟合曲线	$Intercept$	B_1	B_2
1	4% 氧浓度曲线	361.93	−0.017	−0.012
2	8% 氧浓度曲线	384.79	0.903	−0.015

根据以上 CO 浓度随温度的变化曲线,结合煤氧化产生 CO 的机理综合分析可知,当氧气浓度低于 8% 时,随着供风量的不断增加,CO 浓度逐渐降低,说明 CO 产生量小于风流的稀释浓度,可以推断在低氧浓度环境中,CO 的产生量受到温度影响不大,其产生 CO 的总体量受到气体因素影响,推断该阶段的 CO 气体主要是煤分子表面活性基团被其他原因激发,产生定量的活性基团,与氧气复合缓慢生成。

2. 12%、14%、18%、21% 氧浓度条件下 CO 产生量随温度的变化规律

通过对 12%、14%、18%、21% 氧浓度条件下程序升温实验时的 CO 浓度进行分析,可以得到如图 2-9 所示结果,4 条 CO 浓度随温度变化曲线趋势相同,总体呈上升趋势。当温度小于 50 ℃时在同一温度状态 4 条曲线 CO 浓度值变化不大。随着温度的升高,在同一温度(60 ℃)状态 CO 浓度从大到小的排列顺序依次为 21%、18%、14%、12%。根据拟合结果,4 条曲线都能较好地服从 3 次多项式回归方程,记 X 轴为煤体温度,Y 轴为 CO 气体浓度,则可以得到 12%、14%、18%、21% 氧气浓度条件下 CO 浓度和温度的定量关系服从回归方程:$Y = Intercept + B_1X + B_2X^2 + B_3X^3$。

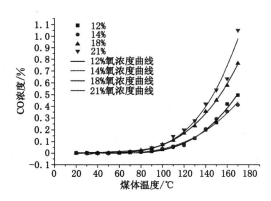

图 2-9 氧浓度为 12%、14%、18%、21% 时 CO 浓度随温度变化曲线

则各参数取值见表 2-6。

表 2-6　氧浓度为 12%、14%、18%、21%时 CO 浓度和温度关系拟合曲线系数表

序号	拟合曲线	*Intercept*	B_1	B_2	B_3
1	12%氧浓度曲线	−402.92	28.98	−0.567	0.003 5
2	14%氧浓度曲线	−9.72	7.07	−0.238	0.003 5
3	18%氧浓度曲线	−305.36	22.29	−0.496	0.003 8
4	21%氧浓度曲线	−1 610.95	80.81	−1.280	0.007 0

　　利用煤氧复合理论,结合不同氧浓度时 CO 的变化特点综合分析可以发现,在实验条件下,当氧气浓度大于 12%时,则可满足煤的升温氧化需求,能够发生煤氧复合反应,随着煤体温度的升高,CO 的产生量会不同程度增加。

三、氧气浓度对 CO 产生率的影响

　　通过对不同氧气浓度条件下 CO 产生率和温度的变化关系进行分析,结果显示,整个实验数据可以分为 3 类:4%、8%氧气浓度时的变化趋势相同,在整个升温阶段,呈直线增长;12%、14%、18%氧气浓度下的 CO 产生率变化趋势相同,变化规律可以分为两个阶段;21%氧气浓度时变化曲线分为 3 个阶段。

　　1. 氧气浓度为 4%、8%时 CO 产生率随温度的变化规律

　　如图 2-10 所示,当氧气浓度分别为 4%、8%时 CO 产生率随温度的上升呈线性增长趋势,同一温度条件下,8%氧气浓度的 CO 产生率明显大于 4%氧气浓度条件下 CO 产生率,计算结果显示两条曲线都能较好地服从于线性方程,记 X 轴为煤体温度,Y 轴为 CO 气体产生率,则可以得到 4%、8%氧气浓度条件下 CO 产生率随温度的定量关系方程为:$Y = Intercept + B_1 X$,具体参数值见表 2-7。

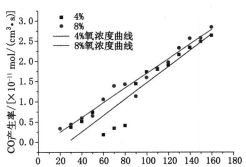

图 2-10　氧浓度为 4%、8%时 CO 产生率随温度变化曲线

　　结合氧气浓度为 4%、8%时 CO 浓度随温度的变化曲线可以看出,虽然随着温度的上升 CO 浓度呈下降趋势,但是 CO 的产生率呈上升趋势,说明了实际

条件下供风对 CO 产生的双重影响,即使在较低氧浓度条件下,如果存在较高的温度时(超过原始岩温),同样会发生煤氧复合反应,产生一定量的 CO 气体。

2. 氧气浓度为 12%、14%、18%、21%时 CO 产生率随温度的变化规律

(1) 20～50 ℃阶段氧浓度为 12%、14%、18%、21%时 CO 产生率随温度变化曲线

如图 2-11(a)所示,当煤体升温温度在 20～50 ℃之间时,氧气浓度分别为 12%、14%、18%、21%时 CO 产生率呈直线变化趋势,根据计算结果显示 4 条曲线都能较好地服从于线性方程,记 X 轴为煤体温度,Y 轴为 CO 气体产生率,则可以得到 12%、14%、18%、21%氧气浓度条件下 CO 产生率随温度的定量关系服从方程:$Y = Intercept + B_1 X$,其具体参数见表 2-7。

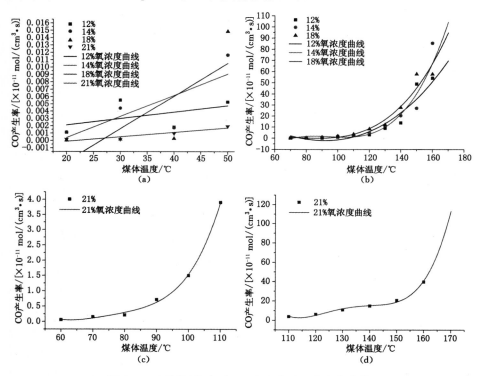

图 2-11　不同氧浓度时 CO 产生率随温度变化曲线

(a) 20～50 ℃升温阶段不同氧浓度时 CO 产生率随温度变化曲线;
(b) 60～160 ℃升温阶段不同氧浓度条件下 CO 产生率随温度变化曲线;
(c) 60～110 ℃升温阶段氧浓度为 21%时 CO 产生率随温度变化曲线;
(d) 110～160 ℃升温阶段氧浓度为 21%时 CO 产生率随温度变化曲线

(2) 60～160 ℃阶段氧浓度为 12%、14%、18%时 CO 产生率随温度变化

曲线

如图 2-11(b)所示,当氧气浓度分别为 12％、14％、18％时,CO 产生率随着煤体温度升高呈曲线增长趋势,总体分析,同一温度条件下,氧浓度为 18％的 CO 产生率最大,其次为 14％、12％氧浓度时的 CO 产生率,根据拟合结果显示 3 条曲线都能较好地服从 3 次多项式回归方程,记 X 轴为煤体温度,Y 轴为 CO 产生率,则可以得到 12％、14％、18％氧气浓度条件下 CO 产生率随温度的定量关系服从回归方程:$Y = Intercept + B_1 X + B_2 X^2 + B_3 X^3$,其具体参数见表 2-7。

表 2-7　　　6 种不同氧浓度时 CO 产生率和温度关系回归方程对应系数

序号	氧气浓度/％	温度阶段/℃	Intercept	B_1	B_2	B_3	B_4
1	4	20～160	−0.548 57	0.020 130	—	—	—
2	8	20～160	−0.113 13	0.018 110	—	—	—
3	12	20～50	−0.001 32	0.000 060	—	—	—
		60～160	53.537 00	−0.949 000	0.000 924	0.000 031	—
4	14	20～50	0.013 180	−0.000 208	—	—	—
		60～160	−205.349 00	6.702 130	−0.071 600	0.000 252	—
5	18	20～50	−0.074 88	0.003 990	—	—	—
		60～160	−43.625 00	1.877 000	−0.025 800	0.000 115	—
6	21	20～50	−0.011 750	0.000 448	—	—	—
		60～110	56.810 000	−3.039 000	0.060 700	−0.000 054	−0.000 017 9
		110～160	168.120 000	−517.446 000	5.939 000	−0.030 140 0	0.000 057 1

(3) 60～160 ℃阶段氧浓度为 21％时 CO 产生率随温度变化曲线

如图 2-11(c)、(d)所示,当氧气浓度为 21％时,整个升温阶段 CO 产生率和温度呈指数趋势增长,但是 CO 产生率随着煤体温度升高,其分阶性明显。根据曲线的变化特点不同可以发现,在 60～110 ℃时,随着煤体温度升高 CO 的产生率呈曲线增加趋势,服从 4 次多项式回归方程;在 110～160 ℃之间,随着煤体温度的升高 CO 产生率增长曲线同样服从 4 次多项式回归方程;记 X 轴为煤体温度,Y 轴为 CO 产生率,则可知在 60～110 ℃和 110～160 ℃温度阶段,21％氧气浓度条件下 CO 产生率随温度的定量关系服从不同的 4 次多项式回归方程:$Y = Intercept + B_1 X + B_2 X^2 + B_3 X^3 + B_4 X^4$,其具体参数见表 2-7。

四、实验结论

综合分析不同氧气浓度条件下 CO 浓度、产生率随温度的变化关系可以发现,在同等条件下氧气浓度对 CO 产生率的影响比较明显。在实验条件下,当氧气浓度小于 8% 时,CO 产生率随着温度升高,但 CO 浓度呈下降趋势,根据 CO 的产生特点推测,主要是由于在实验条件下 CO 产生绝对量相对小于漏风对 CO 的稀释量。

当氧气浓度大于 12% 以后,CO 浓度和产生率随着温度的升高呈递增趋势,递增曲线满足 3 次多项式回归方程。同时随着氧气浓度的增加,CO 产生率的增长也出现相应的分阶段特征,12%、14% 及 18% 氧气浓度下 CO 曲线分为两个阶段,第一个阶段在 20~50 ℃ 之间,CO 浓度增长规律满足直线方程,第二阶段在 60~160 ℃ 之间,CO 产生率增长规律满足 3 次多项式回归方程。21% 氧气浓度条件下 CO 产生率随温度的变化关系可分为 3 个阶段,20~50 ℃ 之间属线性增长,60~110 ℃ 及 110~160 ℃ 的增长规律都满足 4 次多项式回归方程。

由此可见,在不同氧气浓度条件下,低温阶段升温氧化产生 CO 过程同样可总结为 3 个过程。当氧气浓度为 21% 时,随着煤体温度的升高,其产生 CO 需要 3 个过程完成。第一个过程在 20~50 ℃ 时,主要是煤分子表面活性基团受机械等原因被激活,与氧气接触复合产生 CO。第二个过程在 60~110 ℃ 之间,主要是由煤分子表面官能团受温度影响,发生表面官能团分解和断裂,与氧气复合生成 CO 气体。第三个过程在 110~160 ℃ 之间,主要是由煤大分子结构中易断裂的交联键发生结构变化,与氧发生煤氧复合产生 CO。当氧气浓度为 12%、14% 及 18% 时,CO 的产生需要两个过程。在煤升温初始阶段(20~50 ℃),CO 产生率和温度呈直线关系,主要是煤分子表面活性基团受机械等原因被激活,与氧气接触复合产生 CO,当温度超过 50 ℃ 以后煤分子表面官能团受温度影响,发生表面官能团分解或断裂,与氧气接触发生氧化反应产生 CO 气体。4%、8% 氧气浓度条件下 CO 产生则是一个过程完成,主要是煤分子表面活性基团受外力等原因被激活,与氧气发生吸附复合产生 CO。

第四节　粒径对一氧化碳生成的影响

一、实验方法

1. 实验装置

该实验采用自制研发的程序升温实验装置,在实验过程中对不同粒径煤样进行被动加热,获取同一温度和不同粒径条件下 CO 浓度及产生率。

2. 实验煤样

选取红柳煤矿、金凤煤矿、梅花井煤矿、清水营煤矿和石槽村煤矿的煤样进行实验研究,为了使获取的实验参数具有一定的规律性和普遍性,分别将选取的 5 组煤层煤样进行破碎,对同一煤样进行随机粒径组合,主要粒径为:0~0.9 mm、0.9~3 mm、3~5 mm、5~7 mm 和 7~10 mm 的 5 种煤样,本书中所提到的混合煤样指以上5种煤样按照1∶1∶1∶1∶1的比例进行的混合煤样,在以下图中标示为6#混样。

3. 实验条件

实验过程中保持供风量为120 mL/min,升温速度控制在0.3 ℃/min。

4. 实验过程

将装入煤样的容器放入实验炉内,通入空气2 min后开始对容器进行升温,煤体的温度每升高10 ℃取1次气样,然后采用气相色谱进行分析,每个煤样如此重复实验6次,共对5个煤样进行30次实验。

5. 实验数据处理

实验数据处理过程中采用相应软件进行辅助处理,过程如下:

(1) 对实验数据进行初步分析、删选,并导入软件中,以备分析;

(2) 分别选中需要分析的数组,获取不同粒径、不同温度阶段CO浓度变化趋势图。

二、粒径对 CO 产生量的影响

5个实验工作面煤样不同粒度条件下各煤样CO浓度与温度关系曲线如图2-12～图2-16所示。

从图2-12可以看出,在温度为80 ℃之前,在相同的温度下,梅花井煤矿6种不同粒径煤样中的CO浓度基本相同,说明煤样粒径的大小对产生CO几乎无影响。由于温度较低,煤氧化速率较慢,煤样中的气流基本能满足煤氧化的需氧量,各个煤样中产生CO速率很小,CO浓度很低,故粒径大小对煤样产生CO几乎无影响。在温度为80 ℃之后,在相同的温度下,1#煤样中的CO浓度最大,2#、6#、3#、4#煤样的CO浓度依次降低,5#煤样浓度最小,且不同粒径煤样中的CO浓度差异会随着温度的升高越来越大,这说明煤样粒径大小对CO产生有一定的影响,煤样粒径越小,CO浓度就越大,且随着温度的升高,煤样粒径对CO产生的影响逐渐增大。这是由于温度在80 ℃以后,随着温度的升高,煤氧化速率增加,耗氧速率增加。在同等漏风条件下,煤样粒径越小时,煤样表面积越大,煤氧复合作用越大,需氧量就越大,煤不完全氧化反应越激烈,产生CO速率越大,CO浓度越大。

从图2-13可以看出,在温度为130 ℃之前,在相同的温度下,金凤煤矿6种不同粒径煤样中的CO浓度基本相同,说明煤样粒径的大小对CO产生几乎无影响。这是由于温度较低,煤氧化速率较慢,煤样中的气流基本能满足煤氧化的需氧量,故各个煤样中产生CO速率很小,CO浓度很低,粒径大小对煤样产生CO几乎无影响。在温度为130 ℃之后,在相同的温度下,1#煤样中的CO浓度最大,2#、6#、3#、4#煤样的CO浓度依次降低,5#煤样浓度最小,且不同粒径煤样中的CO浓度差异会随着温度的升高越来越大,这说明煤样粒径大小对产生

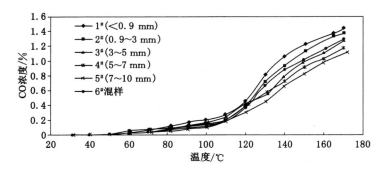

图 2-12　梅花井煤矿 116103 工作面不同粒径煤样 CO 浓度与温度关系曲线

CO 有一定的影响,煤样粒径越小,CO 浓度就越大,且随着温度的升高,煤样粒径对 CO 产生的影响逐渐增大。在温度超过 130 ℃之后,随着温度的升高,煤氧化速率增加,耗氧速率增加。在同等漏风条件下,煤样粒径越小时,煤样表面积越大,煤氧复合作用越大,需氧量就越大,煤不完全氧化反应越激烈,产生 CO 速率越大,CO 浓度越大。

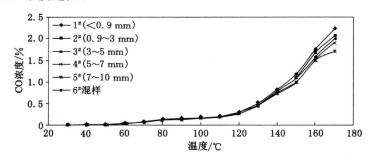

图 2-13　金凤煤矿 011805 工作面不同粒径煤样 CO 浓度与温度关系曲线

从图 2-14 可以看出,在温度为 90 ℃之前,在相同的温度下,红柳煤矿 6 种不同粒径煤样中的 CO 浓度基本相同,说明煤样粒径的大小对产生 CO 几乎无影响。这是由于温度较低,煤氧化速率较慢,煤样中的气流基本能满足煤氧化的需氧量,故各个煤样中产生 CO 速率很小,CO 浓度很低,粒径大小对煤样产生 CO 几乎无影响。在温度为 90 ℃之后,在相同的温度下,1$^{\#}$煤样中的 CO 浓度最大,2$^{\#}$、6$^{\#}$、3$^{\#}$、4$^{\#}$煤样的 CO 浓度依次降低,5$^{\#}$煤样浓度最小,且不同粒径煤样中的 CO 浓度差异会随着温度的升高越来越大,这说明煤样粒径大小对 CO 产生有一定的影响,煤样粒径越小,CO 浓度就越大,且随着温度的升高,煤样粒径对 CO 产生的影响逐渐增大。这是由于温度超过 90 ℃以后,随着温度的升高,煤氧化速率增加,耗氧速率增大。在同等漏风条件下,煤样粒径越小时,煤样表面积越大,煤氧复合作用越大,需氧量就越大,煤不完全氧化反应越激烈,产生CO 速率越大,CO 浓度越大。

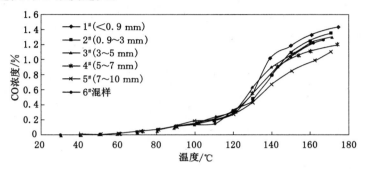

图 2-14　红柳煤矿 1010204 工作面不同粒径煤样 CO 浓度与温度关系曲线

从图 2-15 可以看出,在温度为 70 ℃之前,在相同的温度下,清水营煤矿 6 种不同粒径煤样中的 CO 浓度基本相同,说明煤样粒径的大小对产生 CO 几乎无影响。这是由于温度较低,煤氧化速率较慢,煤样中的气流基本能满足煤氧化的需氧量,故各个煤样中产生 CO 速率很小,CO 浓度很低,粒径大小对煤样产生CO 几乎无影响。在温度为 70 ℃之后,在相同的温度下,1# 煤样中的 CO 浓度最大,2#、6#、3#、4# 煤样的 CO 浓度依次降低,5# 煤样浓度最小,且不同粒径煤样中的 CO 浓度差异会随着温度的升高越来越大,这说明煤样粒径大小对 CO产生有一定的影响,煤样粒径越小,CO 浓度就越大,且随着温度的升高,煤样粒径对 CO 产生的影响逐渐增大。这是由于温度超过 70 ℃以后,随着温度的升高,煤氧化速率增加,耗氧速率增大。在同等漏风条件下,煤样粒径越小时,煤样表面积越大,煤氧复合作用越大,需氧量就越大,煤不完全氧化反应越激烈,产生CO 速率越大,CO 浓度越大。

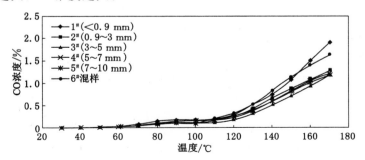

图 2-15　清水营煤矿 110204 工作面不同粒径煤样 CO 浓度与温度关系曲线

从图 2-16 可以看出,在温度为 90 ℃之前,在相同的温度下,石槽村煤矿 6

种不同粒径煤样中的CO浓度基本相同,说明煤样粒径的大小对产生CO几乎无影响。这是由于温度较低,煤氧化速率较慢,煤样中的气流基本能满足煤氧化的需氧量,故各个煤样中产生CO速率很小,CO浓度很低,粒径大小对煤样产生CO几乎无影响。在温度为90℃之后,在相同的温度下,1#煤样中的CO浓度最大,2#、6#、3#、4#煤样的CO浓度依次降低,5#煤样浓度最小,且不同粒径煤样中的CO浓度差异会随着温度的升高越来越大,这说明煤样粒径大小对CO产生有一定的影响,煤样粒径越小,CO浓度就越大,且随着温度的升高,煤样粒径对CO产生的影响逐渐增大。这是由于温度超过90℃以后,随着温度的升高,煤氧化速率增加,耗氧速率增大。在同等漏风条件下,煤样粒径越小时,煤样表面积越大,煤氧复合作用越大,需氧量就越大,煤不完全氧化反应越激烈,产生CO速率越大,CO浓度越大。

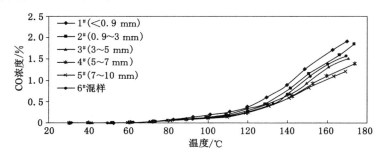

图 2-16　石槽村煤矿1102₂05工作面不同粒径煤样CO浓度与温度关系曲线

三、实验结论

由图2-12~图2-16可见,相同温度下,煤粒度越小,CO浓度值越高。而混样CO浓度数值居中,说明在升温实验中煤样随粒度的减小,煤与氧气接触的表面逐渐增大,煤样易于氧化,煤氧复合作用越大,产生的CO量越大。即粒径越小,耗氧量越大,不完全氧化反应越激烈,产生的CO越多,反映出浓度随粒径变小而增大,CO浓度随温度升高明显增大。

第五节　细菌对一氧化碳转化的影响

一、实验方法

1. 实验装置

自主研发了细菌对CO消失与转化作用规律的实验装置,主要由灭菌系统、密封反应容器、恒温箱和色谱分析系统组成,如图2-17所示。将不同的煤样分别装入密闭反应容器中,将通过空气灭菌过滤器的一定量的空气通入煤样中,在反应容器密闭的条件下再通入经过空气灭菌过滤器的一定量的 CO 气体,然后密封;待密封反应容器内气体平衡均匀,12 h 后开始取气测气,频率为 12 h 一次。

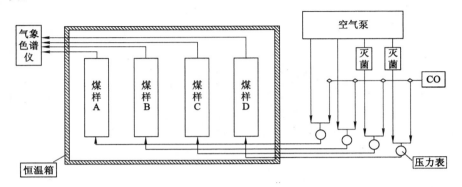

图 2-17　实验装置及工艺流程图

（1）灭菌系统

灭菌系统包括超净工作台、紫外线灭菌车、空气过滤器和高压蒸汽锅。

① 超净工作台

如图 2-18 所示,超净工作台原理是在特定的空间内,室内空气经预过滤器初滤,由小型离心风机压入静压箱,再经空气高效过滤器二级过滤,从空气高效过滤器出风面吹出的洁净气流具有一定的和均匀的断面风速,可以排除工作区原来的空气,将尘埃颗粒和生物颗粒带走,以形成无菌的、高洁净的工作环境。

图 2-18　超净工作台

② 紫外线灭菌车

方便移动,能够使平铺开的煤样充分被照射到,从而彻底灭菌。

采用 KTR 紫外线灭菌消毒车,如图 2-19 所示。由带脚轮底座、箱体、灯臂、保护门、顶销、定时器、开关、保险组成。

图 2-19　紫外线灭菌车

③ 空气过滤器

采用型号为 DR-LT-2S 的过滤器,该过滤器由惰性材料构成,不含任胶黏剂、添加剂或其他表面活性成分,采用精制 304 或 316 不锈钢卫生级壳体,内、外经高精度机械抛光,快装或法兰式结构,标准设计工作压力 1.0 MPa,适用于空气和各种液体的除菌过滤。过滤器内部采用滤芯双 O 形圈(硅橡胶、氟橡胶)密封,确保气源 100% 得到过滤。

④ 高压蒸汽锅

为实验不锈钢管进行高压蒸汽灭菌,如图 2-20 所示。

图 2-20　高压蒸汽锅

(2)恒温箱

为确保实验环境温度稳定,采用恒温箱,温度为 30 ℃。

(3)密封反应容器(不锈钢煤样罐)

所用煤样罐均采用不锈钢材质,不锈钢耐高温,在对煤样罐进行高温高压灭菌时,能够保持完整性。为保证实验过程中的气密性,钢管与螺帽连接处车丝深入设计,采用螺纹连接,如图 2-21 所示。其具体设计参数如下:煤样罐长度 $L=$ 300 mm,内径 $R=30$ mm;螺帽 $L=500$ mm,$R=45$ mm。

图 2-21　不锈钢煤样罐

2. 实验煤样

选取红柳煤矿煤样进行实验研究,煤样的元素种类及含量见表 2-8。取筛选好粒径为 0.9～3 mm 之间的煤样 1 480 g,平均分成 4 份,得到了 4 份原始煤样;取一份原始煤样,加入 20 mL 的水,得到了加水煤样;取一份 370 g 原始煤样,分别平铺开在灭菌纺织布上,放置在紫外灯下照射 4 h,该过程全程无菌,收集灭菌煤样时使用无菌医用手套、灭菌器材,得到了灭菌煤样。

表 2-8　　　　　　　　　　煤样的元素种类及含量

采样地点	O_{daf}/%	N_{daf}/%	C_{daf}/%	$S_{t,d}$/%	H_{daf}/%
宁夏红柳煤矿	19.89	0.967	77.01	0.125	3.793

3. 实验条件

实验过程中恒温箱的温度为 30 ℃。

4. 实验过程

将不同的煤样分别装入密闭反应容器中,对煤样 A、B 各通入 300 mL 的空气后,在反应容器密闭的条件下各通入 150 mL 的 CO 气体;将先通过空气灭菌过滤器的 300 mL 的空气通入煤样 C 中,在反应容器密闭的条件下通入经过空气灭菌过滤器的 150 mL 的 CO 气体,然后密封;待密封反应容器内气体平衡均匀,12 h 后开始取气测气,频率为 12 h 一次。分别在通入 75 mL、40 mL CO 气体的情况下再进行两次重复实验。

5. 实验数据处理

实验数据处理过程中采用相应软件进行辅助处理,过程如下:

(1) 对实验数据进行初步分析、筛选,并导入软件中,以备分析;

(2) 分别选中需要分析的数组,获取不同煤样、不同 CO 注入量的条件下 CO 浓度和 CO_2 浓度变化趋势图。

二、细菌对 CO 转化影响的实验结果

1. CO 注入量为 150 mL

图 2-22～图 2-24 所示过程中,随着时间的增加,所有 CO 气体浓度的变化都呈下降趋势,但是图 2-22 和图 2-23 中 CO 变化曲线斜率比图 2-24 明显偏大,说明原始煤样和加水催生菌煤样对 CO 消失具有一定的影响。CO_2 气体浓度都略有上升趋势,而且曲线变化较为稳定,但是图 2-24 中 CO_2 气体浓度总体上却呈现下降趋势,由此可以推断存在细菌的煤样中,对 CO_2 的产生有一定的积极作用。因此可以推断出,原始煤样和加水催生菌煤样中 CO 降低的时候 CO_2 有所增加,但是灭菌煤样中 CO 和 CO_2 气体同时降低,因此可以推断煤样存在细菌的条件下 CO 气体降低和 CO_2 气体的增加应该存在某种关联,通过某种机理,细菌加速了 CO 向 CO_2 的转变。

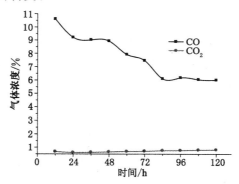

图 2-22　原煤样 A 中 CO、CO_2 浓度变化曲线

2. CO 注入量为 75 mL

依据图 2-25～图 2-27 分析,随着时间的增加,所有 CO 气体浓度的变化同样都呈下降趋势,同时可以看出原始煤样和加水催生菌煤样中 CO 的消失速度大于灭菌煤样。该条件下,加水催生菌煤样中 CO 的消失速度明显增大,与前面实验结论一致:原始煤样和加水催生菌煤样对 CO 消失具有一定的影响作用。细菌的存在对 CO_2 气体的增加速度影响较为明显,灭菌煤样中 CO 气体浓度基本保持稳定,同样证明:存在细菌的煤样中,对 CO_2 的产生有一定的积极作用。由此判断出原始煤样和加水催生菌煤样中 CO 降低时相应的 CO_2 呈上升趋势,

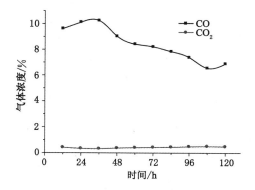

图 2-23　加水煤样 B 中 CO、CO_2 浓度变化曲线

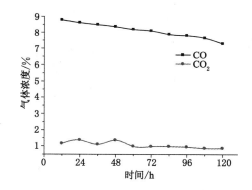

图 2-24　灭菌煤样 C 中 CO、CO_2 浓度变化曲线

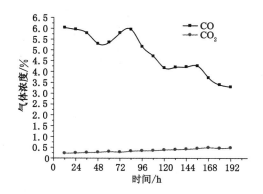

图 2-25　原煤样 A 中 CO、CO_2 浓度变化曲线

而且 CO 消失得越快，CO_2 增加的速度越快。

　　3. CO 注入量为 40 mL

　　如图 2-28～图 2-30 所示，在 CO 浓度较低时，随着时间的增加，所有 CO 气

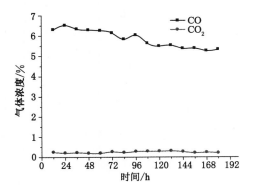

图 2-26　加水煤样 B 中 CO、CO₂ 浓度变化曲线

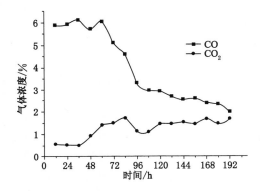

图 2-27　灭菌煤样 C 中 CO、CO₂ 浓度变化曲线

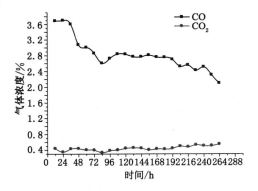

图 2-28　原煤样 A 中 CO、CO₂ 浓度变化曲线

体浓度的变化同样都呈下降趋势,加水催生菌煤样中 CO 的消失速度最大,灭菌煤样中 CO 的消失速度最小,并且在末尾呈稳定趋势,但是 3 条曲线同样显示 CO 气体浓度的变化不够稳定,推测应该是受密闭容器内压力变化影响较大,因

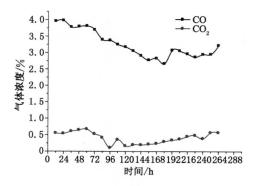

图 2-29　加水煤样 B 中 CO、CO_2 浓度变化曲线

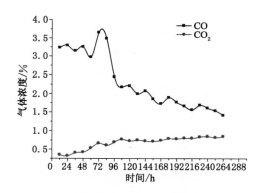

图 2-30　灭菌煤样 C 中 CO、CO_2 浓度变化曲线

为随着通入 CO 气体量的降低,相应地降低了容器内的压力。结合以上结论分析,细菌对 CO 消失的影响速度还应受到压力变化的影响。根据 CO_2 气体浓度变化随时间的变化曲线和第二次实验的结果比较一致,细菌的存在对 CO_2 气体的增加速度影响较为明显,灭菌煤样中 CO 气体基本保持稳定。

综合图 2-22～图 2-27,分析 CO 和 CO_2 气体浓度变化曲线,总体变化规律和前面保持一致,原始煤样和加水催生菌煤样中 CO 降低时相应的 CO_2 呈上升趋势,而且 CO 消失得越快,CO_2 增加的速度越快,并且密闭容器内压力的变化也对 CO 的消失和 CO_2 的增加有一定的影响。

三、细菌对 CO 转化的影响规律

在相同的实验条件下,灭菌煤样中 CO 气体消失的最慢,原始煤样 CO 消失速度次之,加水煤样中 CO 气体消失的最快,说明煤本身的菌类以及水浸煤样生成菌类对 CO 气体的消失具有一定的作用。在常温条件下,存在细菌的煤样容器内,CO_2 气体的增加速度相对最大,可以推断出细菌对 CO 消失具有一定的影

响,很有可能加快了 CO 向 CO_2 气体的转化速度。

第六节　煤自然氧化一氧化碳生成影响参数

为了对煤低温氧化过程中 CO 产生温度特征进行研究,整个实验系统采用能够模拟煤自然氧化全过程的 XK-Ⅲ型煤自然发火实验台进行实验,该实验台通过模拟与实际过程相似的供氧和蓄热环境,能够真实地模拟煤自然氧化过程,并在煤自然氧化过程中实时检测实验过程中的温度、气体,计算煤自燃的相关参数。该实验台具有以下特征:

(1)创造煤体能在常温下依靠自身氧化放热而引起升温的供氧和蓄热条件;

(2)实验台煤体的蓄热环境类似于实际情况下大量松散煤体内首先引起自然升温的高温区域;

(3)确保较佳的煤体粒度,提供最有利于松散煤体自燃的漏风强度。因此,能够测试煤的最短自然发火期及最佳自燃条件下的相关参数。实验台由炉体、气路及控制检测三部分组成(图 2-31)。

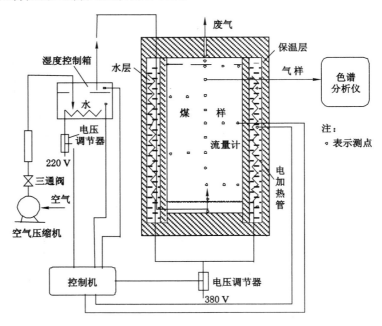

图 2-31　煤自然发火实验台结构示意图

一、实验装置

1. 实验炉体结构

炉体呈圆形，最大装煤高度 195 cm，内径 120 cm，总装煤量约 1 950 kg；顶、底部分别留有 10~20 cm 的自由空间，以保证进、出气均匀，顶盖上留有排气口；由保温层和跟踪外层煤温的控温水层使炉内煤体处于良好的蓄热环境下，该水层中装电加热管及进气预热紫铜管，在炉中心轴处同时设有取气管。炉体顶、底部均有气流缓冲层，使气流由下向上均匀通过实验煤体，空气经控温水层预热，使之与所创造的煤自燃环境温度相同，然后从炉体底部送入。炉内布置了 109 个测温探头和 40 个气体采样点。实验台炉体外形如图 2-32 所示。

图 2-32　煤自然发火实验台炉体外形图

2. 供风系统

气体由 WM-6 型无油空气压缩机提供，通过三通流量控制阀、浮子流量计后进入湿度控制箱，使风流湿度与箱内水层的湿度相同，同时气流中含有与湿度调节箱温度相同的水蒸气，湿度调节箱出口的风流流经水层中紫铜管预热，使风流温度与煤体环境温度相同，这样，进入煤体的风流湿度及温度均能得以控制。之后气流由炉体底部通过碎煤，从顶盖出口排出。在取样测点抽取气样，进行气相色谱分析。实验炉内温度巡检、环境温度控制和湿度控制均由工业控制机自动完成。

3. 气体采集与分析

气样数据采集采用人工采集法。炉内用 $\phi 2$ mm 不锈钢管，炉外部接 $\phi 3$ mm $\times 2$ mm 的耐高温的聚四氟乙烯管。采集时，实验人员通过取气袋或者针管缓慢而平稳地抽取炉内的气样，送至气相色谱仪分析气体成分和浓度，并保存分析结果。气样分析系统选用 SP-3420 型气相色谱仪,该色谱仪采用组合式整体结构,主要由双柱箱专用气相色谱仪、自动取样器、色谱数据处理工作站组成。取气、分析、检测、报告打印全过程由微机控制,自动监测实验台中各测点的气体变化情况。

每天检测各取气测点的气体变化情况,主要监测的参数有:O_2、CO、CO_2、CH_4、C_2H_6、C_2H_4、C_2H_2、N_2 等 8 种气体的浓度。并通过采用微量气体浓缩吸附装置,使气相色谱仪对乙烯等指标气体的最小检知浓度扩大 10~20 倍。

4. 温度检测系统

采用数据采集系统巡回检测煤体内各测点温度值,动态显示实验台内温度变化情况,并通过比较分析,每隔 30 min 将所测数据存盘一次。温度检测界面如图 2-33 所示。

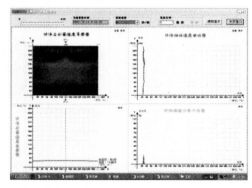

图 2-33　温度检测及分析软件界面

实验台内 12 个检测层上的 46 个温度测点以及控温水层内的 2 个热电偶被分别接到 4 个热电偶监控模块上,4 个热电偶模块通过线路连接到工控机内的采集卡。监控软件每隔一定的时间间隔采集 1 次温度数据(包括煤温和水温)。

5. 监控系统

实验台的监控系统随时监控实验台外层环境温度和供风量,采集并储存各个测点的温度数据。监控软件的运行界面、实验台巡检及控制系统结构如图2-34所示。

6. 实验过程

分别在灵武矿区枣泉煤矿(1# 和 2# 煤层)、灵新煤矿(15# 煤层)、梅花井煤矿、金凤煤矿、红柳煤矿、清水营煤矿及石槽村煤矿采集煤样各 2 t,并用双层塑料编织袋包装,在煤样的储运过程中保证煤样不氧化,开始实验前将煤样用颚式破碎机按照实验粒径要求进行破碎,破碎煤样的粒度频度和实验条件分别见表2-9 和表 2-10。然后立即装入实验炉内,当装煤量满足实验要求后,立即将其密

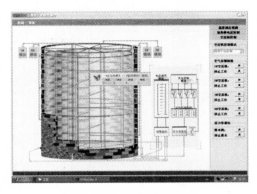

图 2-34　监控软件运行界面

封,然后通入适量的空气。实验过程中,按照要求对煤体内的固定点的温度和气
体进行定期监测,温度使用自动控制装置进行记录,气体检测要通过人工取样,
然后采用 SP-3420 型气相色谱分析仪进行色谱分析。实验初始阶段,每天对固
定测点的温度和气体分析 1 次,当煤自燃温度升高至 100 ℃ 以上时,每天最少分
析 3 次。实验日期与起始、结束温度变化见表 2-11。

表 2-9　　　　　　　　　　　　**煤样粒度筛分析结果表**

	粒度	+10 mm	−10 mm +7 mm	−7 mm +5 mm	−5 mm +3 mm	−3 mm +0.9 mm	−0.9 mm
频度 /%	枣泉煤矿 1#	31.4	15.6	13.2	14.2	8.4	17.2
	枣泉煤矿 2#	41.0	62.9	70.6	75.4	45.9	28.3
	灵新煤矿 15#	29.8	13.7	11.1	17.7	7.9	19.8
	梅花井煤矿	0.3	2.4	7.2	18.5	30.7	40.8
	金凤煤矿	1.5	8.2	13.3	21.6	19.4	36.0
	红柳煤矿	0.2	1.5	5.1	20.8	38.8	33.7
	清水营煤矿	2.2	9.2	16.8	26.1	20.7	25.0
	石槽村煤矿	2.2	5.0	9.0	20.9	26.2	36.7

注:表中"+"表示未通过该筛,"−"表示通过了该筛。

表 2-10　　　　　　　　　　　　**实验条件**

煤样	平均粒径 d_{50}/mm	实验煤高 /cm	煤重 /kg	煤样体积 /(cm³)	块煤密度 /(g/cm³)	容重 /(g/cm³)	空隙率	供风量 /(m³/h)	起始温度/℃
枣泉煤矿 1#	4.03	147	1 476	1 661 688	1.4	0.885	0.368	0.1~1.0	25
枣泉煤矿 2#	11.25	130	1 020	1 695 600	1.4	0.693	0.505	0.1~2.5	25

煤样	平均粒径 d_{50}/mm	实验煤高 /cm	煤重 /kg	煤样体积 /(cm³)	块煤密度 /(g/cm³)	容重 /(g/cm³)	空隙率	供风量 /(m³/h)	起始温度/℃
灵新煤矿 15#	6.17	175	1 300	1 359 306	1.4	0.956	0.317	0.2～1	35.6
梅花井煤矿	2.20	180	1 644	2 034 720	1.4	0.808	0.423	0.1～1.5	25.2
金凤煤矿	3.05	145	1 281	1 639 080	1.4	0.782	0.442	0.1～0.9	25.0
红柳煤矿	2.19	180	1 706	2 034 720	1.4	0.839	0.401	0.1～0.8	25.1
清水营煤矿	3.57	170	1 574	1 921 680	1.4	0.819	0.415	0.1～1.5	27.5
石槽村煤矿	2.70	185	1 788	2 091 240	1.4	0.855	0.389	0.1～1.5	37.8

表 2-11　　　　　　　　　　实验日期与起始、结束温度变化

煤样	开始日期	结束日期	开始温度/℃	结束温度/℃	实验总天数/d
枣泉煤矿 1#	2008-04-03	2008-04-24	25.0	176	22
枣泉煤矿 2#	2008-07-27	2008-09-19	25.1	182	55
灵新煤矿 15#	2007-10-03	2007-10-28	35.6	211.9	26
梅花井煤矿	2013-08-23	2013-09-13	25.2	170	22
金凤煤矿	2014-10-22	2014-12-16	25.0	170	56
红柳煤矿	2013-07-10	2013-08-06	25.1	170	28
清水营煤矿	2014-03-21	2014-04-20	27.5	170	31
石槽村煤矿	2014-07-07	2014-07-24	37.8	170	18

二、煤自然氧化产生 CO 相关特性参数

根据 XK-Ⅲ 自然发火实验台所测的各点温度、氧浓度、CO 和 CO_2 浓度的分布,代入相应的公式,可测算出灵武矿区、鸳鸯湖矿区、马家滩矿区煤样在不同温度时,煤样在新鲜风流中的耗氧速度、放热强度及 CO、CO_2 产生率。为采空区内 CO 积聚规律的分析和计算提供依据。

1. 耗氧速度

在实验条件下,松散煤体内的漏风强度恒定,且风流沿纵向 z 轴方向均匀流动,根据传质学理论,煤体内氧浓度的一维稳态平衡方程为:

$$\mathrm{d}c/\mathrm{d}\tau = -v(T) \tag{2-7}$$

式中　　$v(T)$ ——温度 T 时的耗氧速度,mol/(cm³ · s)。

因为

$$\mathrm{d}\tau = \mathrm{d}x/\overline{Q}, \overline{Q} = Q/S$$

式中　Q ——实验供风量,m³/s;

S——炉体断面积，m^2。

则

$$\overline{Q}dc/dx = -v(T) \tag{2-8}$$

煤体的耗氧速度与氧气浓度成正比，则

$$v(T) = \frac{c}{c_0}v_0(T) \tag{2-9}$$

式中　c_0——标准氧浓度，21%；

$v_0(T)$——标准氧浓度时的煤体耗氧速度，$mol/(cm^3 \cdot s)$。

则把式(2-8)代入式(2-7)得

$$dc = -v_0(T) \times \frac{c}{\overline{Q} \cdot c_0}dx \tag{2-10}$$

两边积分得

$$v_0(T) = \frac{Q \cdot c_0}{S \cdot (z_2 - z_1)} \cdot \ln\frac{c_1}{c_2} \tag{2-11}$$

2. 放热强度

在本实验条件下，炉体内风速很小，可近似认为通过碎煤的风流温度与煤温相同，仅考虑煤的氧化放热、传导散热和风流的对流散热，忽略其他形式热交换，可得炉内中心轴处的热平衡方程为：

$$q(T) = \rho_e \cdot c_e \cdot \frac{\partial T}{\partial \tau} + \overline{Q} \cdot \rho_g \cdot c_g \cdot \frac{\partial T}{\partial z} - \lambda_e \cdot \left(\frac{\partial^2 T}{\partial r^2} + \frac{\partial^2 T}{\partial z^2}\right) \tag{2-12}$$

其中：$\lambda_e = n\lambda_g + (1-n)\lambda_m$，$c_e = nc_g + (1-n)c_m$，$\rho_e = n\rho_g + (1-n)\rho_m$。

式中　T——煤温，℃；

$q(T)$——放热强度，$J/(cm^3 \cdot s)$；

τ——时间，s；

$\overline{Q}$——供风强度，$cm^3/(cm^2 \cdot s)$；

λ_e——煤体等效导热系数，$J/(cm \cdot s \cdot ℃)$；

c_e——煤体等效比热容，$J/(g \cdot ℃)$；

ρ_e——煤体等效密度，g/cm^3；

r,z——实验台径向和纵向坐标，cm；

ρ_m, c_m, ρ_g, c_g——实体煤与空气的密度和比热容；

n——孔隙率。

煤自燃过程中的氧化放热强度与氧浓度成正比，则

$$q_0(T) = q(T) \cdot c_0/c \tag{2-13}$$

式中　c——测点实际的氧浓度，%；

$q_0(T)$——标准氧浓度时的氧化放热强度，$J/(cm^3 \cdot s)$。

根据以上公式，分别对煤自然氧化过程中的耗氧速度、放热强度、CO产生

率等参数进行计算,实验过程中关键温度点的特征参数计算结果见表 2-12 和表 2-13,整个实验全过程中的煤自燃特征参数见附录一、附录二和附录三。

表 2-12 灵武矿区 1#、2# 及灵新煤矿 15# 煤层煤样自燃特性参数测试结果

		煤样来源	枣泉煤矿 1# 煤层	枣泉煤矿 2# 煤层	灵新煤矿 15# 煤层
		实验时间	2008-04-03~ 2008-04-24	2008-07-27~ 2008-09-19	2007-10-03~ 2007-10-28
实验条件		实验煤量/kg	1 476	1 020	1 300
		煤样空隙率	0.368	0.505	0.317
		实验煤样平均粒度 d_{50} /mm	4.03	11.25	6.17
		供风量/(m³/h)	0.1~1.0	0.1~2.5	0.2~1.0
实验特征参数	实验最短自然发火期/d	实验条件(起始:25 ℃)	22	27	26
		标准条件(起始:20 ℃)	35	23	52
		实际条件(起始:25 ℃)	22		46
	特征温度	临界温度/℃	50~65	65~80	50~65
		干裂温度/℃	100~115	100~110	100~120
实验特征参数	常温	升温速度/(℃/h)	0.050	0.021	0.067
		放热强度/[×10⁻⁵J/(cm³·s)]	3.41	0.44	10.80
		耗氧速度/[×10⁻¹¹mol/(cm³·s)]	12.284	1.180	20.716
		CO 产生率/[×10⁻¹¹mol/(cm³·s)]	0.151	0.022	3.007
		CO₂产生率/[×10⁻¹¹mol/(cm³·s)]	0.957	0.295	6.130
	临界温度	升温速度/(℃/h)	0.142	0.17	0.129
		放热强度/[×10⁻⁵J/(cm³·s)]	20.66	20.09	14.277
		耗氧速度/[×10⁻¹¹mol/(cm³·s)]	108.183	50.122	26.536
		CO 产生率/[×10⁻¹¹mol/(cm³·s)]	1.256	0.405	3.208
		CO₂产生率/[×10⁻¹¹mol/(cm³·s)]	14.932	15.539	10.732
	干裂温度	升温速度/(℃/h)	0.629	0.363	0.550
		放热强度/[×10⁻⁵J/(cm³·s)]	208.42	202.82	103.456
		耗氧速度/[×10⁻¹¹mol/(cm³·s)]	709.653	987.35	613.598
		CO 产生率/[×10⁻¹¹mol/(cm³·s)]	10.153	12.32	41.765
		CO₂产生率/[×10⁻¹¹mol/(cm³·s)]	277.662	175.45	259.741

煤样来源		枣泉煤矿 1#煤层	枣泉煤矿 2#煤层	灵新煤矿 15#煤层
有机气体 出现温度 /℃	CO	常温	常温	常温
	C_2H_6	99.4	83.9	92.8
	C_2H_4	108.5	91.2	110.3
	C_2H_2	118.1	91.2	211.9
	C_3H_8		91.2	
极限参数	下限氧浓度/%	20.93	19.77	21.53
	上限漏风强度 /[×10^{-2} cm³/(cm²·s)]	0.040	0.060	0.038
	漏风强度/[cm³/(cm²·s)]	0.01	0.01	0.005
	极限浮煤厚度/cm	43.78	80	44.61

表 2-13　　　　梅花井煤矿、金凤煤矿、红柳煤矿、清水营煤矿和 石槽村煤矿煤样自燃特性参数测试结果

煤样来源			梅花井煤矿	金凤煤矿	红柳煤矿	清水营煤矿	石槽村煤矿
实验时间			2013-08-23~ 2013-09-13	2014-10-22~ 2014-12-16	2013-07-10~ 2013-08-06	2014-03-21~ 2014-04-20	2014-07-07~ 2014-07-24
实验条件		实验煤量/kg	1 644	1 281	1 706	1 574	1 788
		煤样空隙率	0.423	0.442	0.401	0.415	0.389
		实验煤样平均粒度 d_{50} /mm	2.20	3.05	2.19	3.57	2.70
		供风量/(m³/h)	0.1~1.5	0.1~0.9	0.2~0.8	0.1~1.5	0.1~2.5
实验特征参数	实验最短自然发火期/d	实验条件(起始:25 ℃)	23	56	29	32	28
		标准条件(起始:20 ℃)					
		实际条件(起始:25 ℃)					
	特征温度	临界温度/℃	40~55	50~60	60~70	60~70	50~60
		干裂温度/℃	90~100	90~100	110~120	110~120	90~100
	常温	升温速度/(℃/h)	0.079	0.013	0.038	0.038	0.138
		放热强度/[×10^{-5}J/(cm³·s)]	3.619	0.643	4.930	4.930	7.45
		耗氧速度/[×10^{-11}mol/(cm³·s)]	10.104	1.779	22.751	12.987	37.686
		CO产生率/[×10^{-11}mol/(cm³·s)]	0.041	0.040	0.013	0.198	1.040
		CO_2产生率/[×10^{-11}mol/(cm³·s)]	1.000	0.254	0.626	4.176	18.616

煤样来源			梅花井煤矿	金凤煤矿	红柳煤矿	清水营煤矿	石槽村煤矿
实验特征参数	临界温度	升温速度/(℃/h)	0.020	0.091	0.204	0.238	0.1667
		放热强度/[$\times 10^{-5}$J/(cm^3 · s)]	14.183	3.326	27.932	26.435	10.19
		耗氧速度/[$\times 10^{-11}$mol/(cm^3 · s)]	38.527	8.940	76.448	65.942	38.335
		CO 产生率/[$\times 10^{-11}$mol/(cm^3 · s)]	0.402	0.237	0.570	2.036	0.738
		CO$_2$产生率/[$\times 10^{-11}$mol(cm^3 · s)]	7.826	2.220	13.287	35.901	10.799
	干裂温度	升温速度/(℃/h)	0.350	0.152	0.275	0.163	0.146
		放热强度/[$\times 10^{-5}$J/(cm^3 · s)]	252.982	55.124	61.118	92.003	33.65
		耗氧速度/[$\times 10^{-11}$mol(cm^3 · s)]	699.558	145.736	166.524	245.734	411.098
		CO 产生率/[$\times 10^{-11}$mol(cm^3 · s)]	3.814	3.640	0.856	4.959	7.981
		CO$_2$产生率/[$\times 10^{-11}$mol(cm^3 · s)]	94.352	45.404	31.592	66.486	106.582
有机气体出现温度/℃		CO	常温	常温	常温	常温	常温
		C$_2$H$_6$	103.6	67.1	97.6	84.5	60.5
		C$_2$H$_4$	55.7	55.5	84.6	84.5	81.8
		C$_2$H$_2$					
		C$_3$H$_8$					
极限参数		下限氧浓度/%	21.17	20.89	15.17	19.67	21.28
		上限漏风强度/[$\times 10^{-2}$ cm^3/(cm^2 · s)]	0.000	0.006	0.025	0.006	0.001
		漏风强度/[cm^3/(cm^2 · s)]	0.01	0.015	0.015	0.015	0.01
		极限浮煤厚度/cm	38.00	51.00	46.30	49.40	41.00

三、煤自然氧化产生 CO 相关极限参数

煤自燃危险性由内因和外因共同决定,煤自燃的内因是煤自身氧化放热性能的强弱,对于特定的煤,其自身的氧化放热性能一定,能否发生自燃,主要取决于外因蓄热环境,即煤放热强度与周围环境散热强度的大小。

煤体升温的必要条件为:

$$\rho_e \cdot c_e \frac{\partial T}{\partial \tau} = q + \lambda_e \cdot \mathrm{div}(\mathrm{grad}T) - (n \cdot \rho_g \cdot c_g) \cdot \mathrm{div}(\vec{u} \cdot T_g) \geqslant 0$$

(2-14)

式中　　ρ_e——煤体密度,g/cm^3;

c_e——煤体比热容,J/(g · K);

λ_e——煤体导热系数,J/(cm · s · K);

T ——煤体温度,K;

$\partial T/\partial \tau$ ——煤体升温速度,K/s;

q ——煤体放热强度,J/(cm^3·s);

n ——空隙率;

ρ_g,c_g,T_g ——松散煤体内空气密度、比热容和温度;

$\vec{u}$ ——松散煤体内空气流速,cm/s。

这里把能够引起煤自燃的必要条件的极限值称为煤自燃极限参数(此时煤自身氧化放热强度等于周围环境散热强度),主要有:最小浮煤厚度 h_{min};下限氧浓度 c_{min};上限漏风强度 $\overline{Q}_{max}$;上限平均粒径 $\overline{d}_{max}$。

松散煤体自燃必须具备能够使散热强度小于放热强度的外界条件(即只有同时满足极限值条件内的煤才有可能自燃),即:

$$(h > h_{min}) \bigcap (c > c_{min}) \bigcap (\overline{Q} < \overline{Q}_{max}) \bigcap (\overline{d} < \overline{d}_{max}) \qquad (2\text{-}15)$$

式中　c ——松散煤体内氧浓度,%;

$\overline{Q}$ ——松散煤体内漏风强度,cm^3/(cm^2·s);

h ——煤体厚度,m;

$\overline{d}$ ——松散煤体平均粒径,cm。

1. CO 产生相关极限参数计算

(1)最小浮煤厚度

浮煤堆积量是煤自燃的物质基础,对特定的煤体,其周围的散热环境是确定的。煤体升温需足够的放热量,而放热量的大小则取决于浮煤量的大小,即浮煤堆积厚度。当浮煤厚度小于某一值时,浮煤散失的热量将等于浮煤产生的热量,该浮煤厚度值即为最小浮煤厚度。

最小浮煤厚度主要与煤体放热强度、漏风强度和岩体温度有关。实际条件下,煤体放热强度、漏风强度和岩体温度均为定值,则最小浮煤厚度为确定的极限参数。设煤体升温速度等于零,由煤体升温必要条件式,可推得最小浮煤厚度的近似计算式为:

$$h_{min} = \frac{\rho_g c_g \overline{Q}(T_c - T_y) + \sqrt{(\rho_g c_g \overline{Q})^2 (T_c - T_y)^2 + 8\lambda_e q_0(T_c)(T_c - T_y)}}{q_0(T_c)}$$

$$(2\text{-}16)$$

式中　T_c ——煤体温度,℃;

T_y ——岩体温度,℃;

$q_0(T_c)$ ——煤温为 T_c 时的煤体放热强度,J/(cm^3·s)。

若不考虑漏风带走的热量,则:

$$h_{min} = \sqrt{\frac{8 \times (T_c - T_y)\lambda_e}{q_0(T_c)}} \qquad (2\text{-}17)$$

浮煤堆积厚度是煤体热量积聚的先决条件,只有在满足这一条件的基础上,才可以去考虑其他因素对蓄热环境的影响。

(2)下限氧浓度

氧气供给是煤自燃的另一个物质基础,对于特定的松散煤体,氧气供给越充分,煤与氧的化学吸附和化学反应越快,放热强度越大。在某一温度下其放热强度近似与氧浓度成正比,当氧浓度小于某个值时,煤氧复合产生的热量正好等于散发的热量,煤体升温速度为零,该极限值即为下限氧浓度 c_{min}。

下限氧浓度既与煤的氧化放热性有关,也与松散煤体堆积厚度、周围散热条件以及煤(岩)体温度有关。在现场实际条件下,煤体堆积厚度、周围散热条件以及煤(岩)体温度基本为定值,故下限氧浓度为可知的极限参数。设煤体升温速度等于零,由煤体升温必要条件式,可推得下限氧浓度的近似计算式为:

$$c_{min} = \frac{c_0}{q_0(T_c)}\left[\frac{8\times\lambda_e(T_c-T_y)}{h^2} + \rho_g c_g \overline{Q}\cdot\frac{2\times(T_c-T_y)}{h}\right] \quad (2\text{-}18)$$

式中　c_0——标准状态氧浓度,%。

(3)上限漏风强度

松散煤体内漏风强度的大小,影响着煤体散热。对特定松散煤体,当漏风强度足够大时,煤氧复合产生的热量全部通过热传导和风流焓变所带走,该漏风强度值即为上限漏风强度。

上限漏风强度既与煤的放热强度相关,也与煤体和风流的温差相关。若考虑传导散热的存在,则与浮煤厚度也有关系。现场实际条件下,浮煤厚度、煤的氧化放热强度、煤(岩)体温度、风流温度均为定值,故上限漏风强度为可知的极限参数。由于松散煤体内渗漏风流很小,可近似认为风流温度等于岩体温度,设煤体升温速度等于零,由煤体升温必要条件式,可推得上限漏风强度的近似计算式为:

$$\overline{Q}_{max} = \frac{h\times q_0(T_c)}{2\times\rho_g c_g(T_c-T_y)} - \frac{4\lambda_e}{h\rho_g c_g} \quad (2\text{-}19)$$

(4)上限平均粒径

根据煤的粒度与氧化自燃性的研究,可拟合出煤氧反应速度(即耗氧速度)、放热强度与平均粒径的关系分别为:

$$\begin{cases} \dfrac{v_0^n(T)}{v_0(T)} = a + b\ln\dfrac{d_{50}}{d_{ref}} \\[2mm] \dfrac{q_0^n(T)}{q_0(T)} = a + b\ln\dfrac{d_{50}}{d_{ref}} \end{cases} \quad (b<0) \quad (2\text{-}20)$$

式中　$v_0(T),v_0(T)$——某粒度煤自然发火实验时测算的耗氧速度和煤平均粒径为 d_{50} 时的耗氧速度,$mol/(cm^3\cdot s)$;

$q_0(T),q_0(T)$——某粒度煤自然发火实验时测算的放热强度和煤平均粒径为 d_{50} 时的放热强度,$J/(cm^3\cdot s)$;

a,b —— 与煤粒粗糙度、空隙率等有关的常数，由实验确定；

d_{ref} —— 松散煤体参考粒径，cm。

由式（2-20）可知，煤的平均粒径越大，其氧化放热性越弱。在某一实际条件下，当煤的平均粒径大于某个值，煤氧化产生的热量等于煤体导热和漏风对流带走的热，煤温不再升高，则称此平均粒径值为上限平均粒径，用 $\overline{d}_{max}$ 表示。假定煤体升温速度等于零，煤体升温必要条件式（2-14）可写为：

$$-\text{div}(\rho_g c_g \overline{Q}T) + \text{div}[\lambda_e \text{grad}(T)] + [a + b\ln(\frac{\overline{d}_{max}}{d_{ref}})]q_0(T) = 0 \quad (2-21)$$

推得上限平均粒径的近似计算式：

$$\overline{d}_{max} = d_{ref} \cdot \exp\left\{-\frac{a}{b} + \frac{\text{div}(\rho_g c_g \overline{Q}T) - \text{div}[\lambda_e \text{grad}(T)]}{b \cdot q_0(T)}\right\} \quad (2-22)$$

在一定松散煤体厚度和漏风条件下，根据式（2-22）可求解出上限平均粒径 $\overline{d}_{max}$，只有当松散煤体平均粒径小于 $\overline{d}_{max}$ 时，才可能引起自燃。

2. 自然氧化极限参数

根据实验结果所测算出的放热强度和耗氧速度，代入相应的煤自燃极限参数测算公式，理想化所有浮煤空隙率为 0.3，则松散煤体导热系数为 0.92×10^{-3} J/(cm·s·℃)，岩层温度取 20 ℃，则可计算出浮煤厚度在 0.5～6 m、煤温在 30～130 ℃时的下限氧浓度、上限漏风强度值，漏风强度在 0～1.0 cm³/(cm²·s)（漏风强度为零，表示忽略漏风带走的热量）、煤温在 30～170 ℃时的极限浮煤厚度。

通过以上计算，可以得到不同煤样自然氧化过程中的极限参数：下限氧浓度、上限漏风强度及极限浮煤厚度等，实验过程中关键温度点的特性参数计算结果见表 2-12 和表 2-13，整个实验全过程中的极限参数见附录二、附录三和附录四。

本 章 小 结

通过灵武矿区、鸳鸯湖矿区、马家滩矿区不同煤样的自然升温实验和程序升温实验研究结果发现，煤样在常温条件下和氧气接触即可氧化生成 CO 气体，并测试了不同氧气浓度和粒径对煤低温氧化产生 CO 规律的影响。提出了煤低温氧化过程中的三个过程：第一个过程，当环境温度小于煤的临界温度，主要是煤分子表面活性基团受外力等原因被激活，与氧气接触复合产生 CO 气体；第二个过程，从临界温度至干裂温度，主要是由于煤分子表面官能团受温度影响，发生表面官能团分解和断裂，与氧气复合发生氧化反应产生 CO 气体；第三个过程，从干裂温度以上开始，主要是由煤大分子结构中易断裂的交联键发生结构变化，与氧发生煤氧复合反应产生 CO 气体。

通过测试发现当氧气浓度为 4%、8% 时,CO 为第一个过程反应产生;当氧气浓度为 12%、14% 及 18% 时,CO 由第一、二个过程共同产生;当氧气浓度为 21% 时,CO 由三个反应过程产生。同时对煤自然升温过程中和 CO 产生相关特性参数、极限参数进行了测试分析,并且测试了细菌对采空区 CO 消失的影响规律,为分析采空区内 CO 来源及积聚提供依据。

第三章 采空区一氧化碳气体
分布及积聚规律

采空区内 CO 来源是采空区漏风和浮煤发生煤氧复合共同作用的结果,当工作面生产条件确定以后,采空区的漏风量便成为影响采空区 CO 产生的决定性因素。结合煤自然氧化生成 CO 的特点及规律,当采空区漏风量逐渐增加时,采空区浮煤氧化时间和氧化程度会相应增加,从而进一步导致 CO 的产生量增加,当 CO 积聚到一定的程度,会随着采空区漏风流场涌入工作面回风隅角或者支架间,从而对工作面的安全生产带来隐患。因此,掌握采空区 CO 的分布和积聚规律,对于判断采空区的浮煤氧化程度具有重要的指导意义。

第一节 采空区一氧化碳分布规律

一、采空区 CO 观测方法

1. 观测地点

根据灵武矿区煤层的区域分布、开采方式、开采煤层等条件综合分析,选取了枣泉煤矿 12207 综放面、磁窑堡煤矿 W1714 综采面、灵新煤矿 L1815 综采面以及羊场湾煤矿 Y110106 大采高面等 4 个采空区进行现场观测,主要分析采空区内 CO 及 O_2 浓度的变化特点,各观测工作面的设计参数见表 3-1。

表 3-1 不同观测工作面的设计参数

观测工作面	开采方式	倾斜长/m	走向长/m	煤厚/m	倾角/(°)	自燃倾向性
灵新煤矿 L1815 面	综采面	277	808	3.10	11	易自燃
枣泉煤矿 12207 面	综放面	162	2 249	8.09	12	易自燃
磁窑堡煤矿 W1714 面	综采面	185	892	2.25	15	自燃
羊场湾煤矿 Y110106 面	大采高面	298	1 976	7.00	10	易自燃

2. 采空区测点布置

采空区的气体观测主要采用预埋束管的方法进行,如图 3-1 所示,在工作面切眼位置沿倾斜方向平均布置 5 个测点,不同测点采用不同颜色的束管便于区

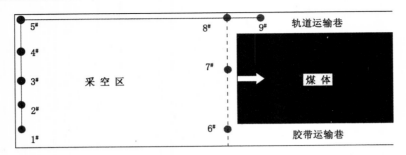

图 3-1　采空区观测点布置图

分测点位置,为了防止束管在铺设时被煤层顶板冒落砸断,采用 2 英寸钢管作为保护套管,为了防止取气探头被水淹或者被粉末状煤岩堵塞,在束管端头外面使用过滤网包裹,同时将每个探头抬高 0.5 m 以上,如图 3-2 所示。

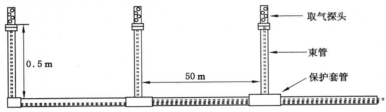

图 3-2　观测点探头布置图

3. 观测方法

随着工作面的推进,对采空区内不同深度位置的 CO、O_2 气体进行采样分析,同时对工作面的生产情况进行记录,如工作面的推进速度、工作面风量、温度、气体浓度等参数。其中主要观测工作如下:

(1) 气样采集

观测束管铺设完成以后,在工作面推进过程中,采用负压抽气泵对不同地点束管内的气体进行采集,将气样注入球形气囊内。每次采样之前,负压抽气泵的预抽时间不少于 10 min,然后注入球囊内,并分别记录清楚取样束管位置及编号,标示在气囊上面,立即送到地面进行分析。

(2) 气体分析

气体分析主要采用 SP-3420 型气相色谱分析仪,分析的主要气体参数为 CO、O_2,同时辅助分析 CO_2、CH_4 等相关气体。

(3) 辅助测定

为了对气体分析误差进行校正,在每次的取样以后,分别采用便携式仪器对束管内的气体进行分析,测定仪器分别为 S-450 型测氧仪测定氧气,CO-1A 型 CO 电子检测仪测定 CO,使用光学瓦斯鉴定器测定瓦斯和二氧化碳。

二、采空区 CO 观测结果

1. 枣泉煤矿采空区 CO 气体变化规律

图 3-3 为枣泉煤矿 12207 综放面采空区监测点的 CO 和 O_2 浓度随着测点深度不同时的变化曲线。

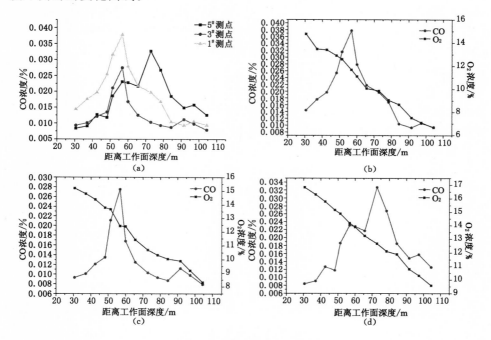

图 3-3　枣泉煤矿 12207 综放面采空区 CO 和 O_2 浓度变化曲线
(a) 采空区 CO 浓度变化曲线;(b) 1# 测点 CO 和 O_2 浓度变化曲线;
(c) 3# 测点 CO、O_2 浓度变化曲线;(d) 5# 测点 CO、O_2 浓度变化曲线

（1）采空区 CO 浓度变化及分布规律

图 3-3(a) 为 1#、3# 及 5# 测点 CO 气体浓度变化规律,可以发现,随着测点埋藏深度的不断增加,3 个测点 CO 气体浓度变化先呈递增趋势,经过峰值,然后递减,整体呈"凸"字形,3# 和 5# 测点埋深至 55 m 的时候,CO 气体浓度出现峰值分别为 0.028% 和 0.038%,然后开始下降。1# 测点的 CO 浓度峰值出现在埋深 75 m 处,最高达到 0.032%,然后随着测点埋深增加气体浓度下降,直到 100 m 前后开始稳定。根据 3 个测点 CO 浓度峰值也可以推断,枣泉煤矿 12207 综放面采空区进风侧的氧化程度最大,回风侧次之,采空区中部最小。

（2）采空区 CO、O_2 浓度对应变化及分布规律

分析图 3-3(b)～(d) 中 CO、O_2 浓度的变化规律,可以看出,随着测点埋深的增减,1#、3# 及 5# 测点 O_2 浓度总体呈直线下降趋势,1# 测点的 O_2 浓度在 105

m 左右下降到 7％以下,3[#]测点的氧气浓度在 105 m 下降至 8.5％,而 5[#]测点的氧气浓度在 105 m 时下降至 9.5％。结合采空区煤氧化机理与采空区风流流场变化规律,可以总结出采空区内 O_2 浓度的降低主要原因有:一是可以反映采空区内漏风量的大小;二是反映了采空区内不同测点的煤自然氧化耗氧情况。结合 CO 的浓度进行推断,1[#]测点 O_2 浓度较低的主要原因是在胶带运输巷发生了较为充足的煤氧复合反应,消耗了大量 O_2,同理可以看出,在枣泉煤矿 12207 综放面采空区内胶带运输巷发生氧化反应的程度最强,轨道运输巷次之,采空区中部程度最弱。

2. 磁窑堡煤矿 W1714 综采面采空区 CO、O_2 浓度变化规律

结合监测点的布置示意图 3-1,在观测 W1714 综采面采空区内气体变化规律时,1[#]测点在胶带运输巷,5[#]测点位于轨道运输巷内。

(1) 采空区 CO 浓度变化及分布规律

如图 3-4(a)所示,1[#]和 5[#]测点 CO 气体变化趋势一致,同样呈现"凸"字形,测点进入采空区以后,1[#]测点起始监测到 CO 浓度值为 0.003％,测点埋深至 40 m 前后的位置,随着工作面继续推进,1[#]测点在采空区埋深为 80 m 的位置时 CO 浓度达到峰值,其浓度为 0.009％,然后随着埋深增加 CO 浓度下降,直到进入采空区内 170 m 时,该点 CO 浓度值一直稳定在 0.005％左右;5[#]测点起始监测到 CO 浓度值为 0.007％,在埋深 40 m 前后的位置,随着工作面的继续推进,5[#]测点埋深至 82 m 的位置时 CO 浓度达到峰值,最高为 0.019 4％,然后随着埋深增加而下降,直到该测点进入采空区 170 m 以后,CO 浓度值还稳定在 0.006％左右。可以发现 W1714 综采面采空区内同一深度的位置进风侧 CO 浓度值高于回风侧的浓度,而且出现峰值的位置相同,即采空区的相同深度的煤氧化性相同,但相对来说进风侧的煤自然氧化性较强。

(2) 采空区 CO、O_2 浓度对应变化及分布规律

如图 3-4(b)、(c)所示,1[#]和 5[#]测点 O_2 浓度变化趋势一致,整体呈线性下降趋势,1[#]测点在埋深 155 m 的位置时 O_2 浓度下降至 8％以下,对应出现 CO 峰值位置的 O_2 浓度为 16％;5[#]测点在埋深 155 m 的位置时 O_2 浓度下降至 5％以下,对应出现 CO 峰值位置的 O_2 浓度为 15％。从这两个测点的 O_2 浓度下降速率可以看出回风侧的下降速度明显大于进风侧下降速度,结合这两个测点的 CO 浓度变化趋势进行分析,可以看出 W1714 综采面采空区进风侧的漏风量明显大于回风侧。

3. 灵新煤矿 L1815 综采面采空区 CO、O_2 浓度的变化规律

结合图 3-1 分析对应测点的气体变化,根据观测数据选取具有规律性的 1[#]测点进行分析。

(1) 采空区 CO 浓度变化及分布规律

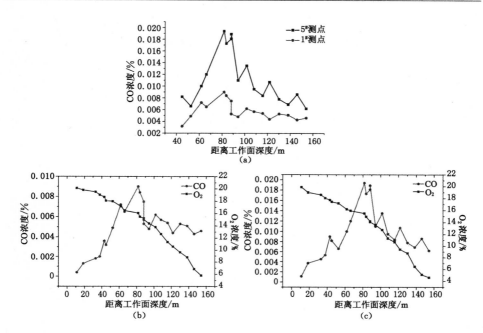

图 3-4 磁窑堡煤矿 W1714 综采面采空区 CO 和 O₂ 浓度变化曲线图

(a) 采空区 CO 浓度变化曲线;(b) 1# 测点 CO、O₂ 浓度变化曲线;

(c) 5# 测点 CO、O₂ 浓度变化曲线

如图 3-5 所示,随着埋深的增加,1# 测点(图 3-1)CO 浓度呈现"凸"字形,当测点进入采空区后 CO 浓度增加比较缓慢,直到测点埋深至 59 m 以后,CO 浓度开始增加,直到测点埋深至 135 m 左右,CO 浓度才达到峰值,为 0.024%。随着工作面的继续推进,CO 浓度快速下降,因此 L1815 综采面采空区轨道运输巷的煤氧化性相对来说较弱。

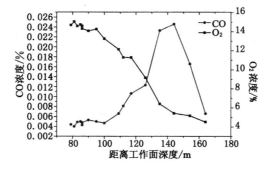

图 3-5 灵新煤矿 L1815 综采面采空区 CO、O₂ 浓度变化

（2）采空区 O_2 浓度变化及分布规律

如图 3-5 所示，随着埋深的增加，$1^\#$ 测点（图 3-1）O_2 浓度整体上呈线性下降趋势，开始下降的较慢，直到测点埋深 150 m 的位置前后，O_2 浓度才下降至 6％，对应出现 CO 峰值位置的 O_2 浓度为 6％，结合该测点 CO 浓度值和变化趋势进行综合分析，可以看出 L1815 综采面采空区进风侧的漏风情况比较严重，推测主要是由于采空区内遗煤量少，相对来说煤氧复合消耗的氧气量就少，而且其下降速度较慢，说明受采空区松散体空隙和工作面阻力的双重影响，采空区漏风严重。

4. 羊场湾煤矿 Y110106 大采高面采空区 CO、O_2 浓度的变化规律

（1）采空区 CO 浓度变化及分布规律

如图 3-6 中 CO 浓度变化曲线，随着埋深的增加，$1^\#$ 测点（图 3-1）CO 浓度呈"凸"字形，在埋深 80 m 前后的位置，$1^\#$ 测点 CO 浓度达到峰值 0.08％以上，在峰值点之前 CO 气体浓度值保持稳定，增长速度较慢，当工作面推过极值点之后，CO 浓度随着埋深增加而急速下降。

（2）采空区 O_2 浓度变化及分布规律

如图 3-6 所示，随着埋深的增加，$1^\#$ 测点（图 3-1）O_2 浓度整体上呈线性下降趋势，在埋深 100 m 的位置前后 O_2 浓度下降至 7％，对应出现 CO 峰值位置的 O_2 浓度为 10％，结合该测点 CO 浓度值和变化趋势进行分析，可以看出 Y110106 大采高面采空区进风侧的漏风情况比较严重。

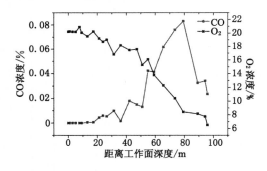

图 3-6　羊场湾煤矿 Y110106 大采高面采空区 CO、O_2 浓度变化

三、采空区 CO 气体变化规律

综合图 3-3～图 3-6 曲线变化规律，对不同开采方式下工作面采空区内 CO、O_2 浓度观测结果分析，可以发现其分布规律具有两个典型的特征，即 CO 浓度分布规律呈正态分布曲线形状，O_2 浓度分布总体呈直线下降趋势，气体之间的变化规律可以总结为如图 3-7 所示。图中 O 点为采空区内 CO 的浓度最大值，A、B 点分别为 CO 浓度分布曲线的两个拐点，通过 A、B、O 三点作 Y 轴的平行线和

X 轴及 O_2 浓度直线相交,和 X 轴的交点分别记为 A^1、B^1 和 O^1,再通过和 O_2 浓度分布曲线的三个交点分别作 X 轴平行线,和 O_2 坐标轴交于 A^3、B^3 和 O^3 三个交点;然后通过 A、B、O 三点作 X 轴的平行线,分别和 CO 浓度分布曲线交于 A^2、B^2 和 O^2 三个交点。据此图分别对采空区内 CO 浓度对应的深度及 O_2 浓度进行分析。

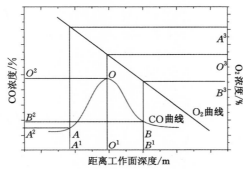

图 3-7 采空区不同深度 CO、O_2 浓度相互影响规律

1. CO 浓度分布规律

采空区内 CO 浓度随着距离工作面深度的增加呈现正态分布曲线形状,在整个变化过程中存在三个拐点,如图 3-7 所示,A 点之前 CO 浓度变化比较平稳,主要是由于工作面漏风量较大,浮煤不容易积聚热量,同时漏风对该阶段的 CO 具有稀释作用。从 A 点开始 CO 浓度急剧上升达到峰值 O 点,其原因是随着深度的增加,采空区漏风逐渐减少,但是该区域的漏风足以引起煤自然氧化,却不能有效地将热量带走,也不能对 CO 起到较好的稀释作用,所以 CO 浓度增加速度较快。随着测点深度的继续增加,从 O 点开始 CO 浓度开始下降,直到 B 点,该阶段 CO 浓度下降速度较快,主要是因为漏风量的减少,在一定程度抑制了煤自然氧化的发生,降低了 CO 的绝对产生量。B 点之后区域 CO 浓度稳定,主要原因是微量的漏风只能引起少量的低程度的煤体氧化。

2. CO 浓度与 O_2 浓度分布关系

综合 CO 浓度和 O_2 浓度曲线进行分析,CO 浓度达到 A 点时对应的 O_2 浓度为 A^3,即当采空区的 O_2 浓度开始低于 A^3 值(19%)时,随着工作面继续推进,采空区 O_2 浓度不断降低,采空区内的煤自然氧化程度便会开始增加。当采空区内 O_2 浓度达到 O^3 值时,采空区浮煤氧化程度最大,对应的 CO 浓度值最高。当采空区 O_2 浓度低于 O^3 值(16%)时,随着工作面继续推进,O_2 浓度下降,此阶段煤低温氧化程度开始下降。当 O_2 浓度降至 B^3 值(8%)以后,采空区内的氧化程度开始趋于稳定,可以认为从该点开始进入窒熄带内。通过对采空区内 CO 浓度和 O_2 浓度的分析,可以掌握采空区内煤自然氧化程度。

3. CO浓度、O_2浓度分布和深度的关系

通过以上采空区内CO浓度、O_2浓度分布规律分析,结合对应的测点距离工作面深度(图3-7),只要掌握了采空区内3个参数的9个关键点,即可快速、方便地对采空区内煤氧化的危险区域和发展趋势进行判断。采空区进入A^1点之前的距离表示为采空区的散热带,该段的深浅一方面反映煤自然的程度,同时也可反映采空区漏风的大小。A^1和B^1点之间的距离反映了采空区危险区域的大小及程度范围,当两者之间距离较大时,说明采空区煤自燃危险区域及危险性都较大,B^1值大小反映采空区进入窒熄带的位置。综上所述,该方法可以简便和直观地对采空区的煤自然氧化的趋势和煤自燃"三带"进行判断。

第二节 工作面一氧化碳分布影响因素

一、工作面CO分布规律

1. 观测方法

选磁窑堡煤矿W1714综采面为观测对象,该面位于五更山采区南翼,走向长约为890 m,倾向斜长约为180 m,工作面风量平均约为650 m^3/min。工作面CO分布观测测点沿工作面倾斜方向取10个位置进行布置,分别设在1#、10#、30#、60#、90#、100#、115#、120#和127#支架处,并在每个截面上取3个测点,测点布置如图3-8所示:①号测点离煤壁0.5 m,②号测点位于电缆槽以上0.3 m,③号测点位于两个立柱之间,测点高度距底板1.5 m。角支架尾梁处为坐标原点,走向方向为Y轴,倾斜方向为X轴,则不同测点的坐标见表3-2。然后对每个测点的CO、O_2浓度进行监测,为了使观测的数据具有普遍规律性,选取随机时间对设计测点进行监测,共随机观测6次。

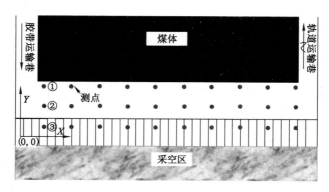

图3-8 工作面测点平面布置示意图

表 3-2　　　　　　　　　　　**工作面测点对应的坐标值**

测点位置	X 轴	Y 轴	测点位置	X 轴	Y 轴	测点位置	X 轴	Y 轴
(a,③)	1.5	3	(a,②)	1.5	7	(a,①)	1.5	11
(b,③)	15	3	(b,②)	15	7	(b,①)	15	11
(c,③)	45	3	(c,②)	45	7	(c,①)	45	11
(d,③)	90	3	(d,②)	90	7	(d,①)	90	11
(e,③)	135	3	(e,②)	135	7	(e,①)	135	11
(f,③)	150	3	(f,②)	150	7	(f,①)	150	11
(g,③)	165	3	(g,②)	165	7	(g,①)	165	11
(h,③)	172	3	(h,②)	172.5	7	(h,①)	172	11
(i,③)	180	3	(i,②)	180	7	(i,①)	180	11
(k,③)	190	3	(k,②)	190	7	(k,①)	190	11

2. 观测结果

（1）工作面 CO 分布规律

工作面的 CO 气体分布规律如图 3-9 所示，从图中 CO 浓度变化曲线可以看出 6 组观测数据所显示的 CO 分布规律一致，沿着工作面倾斜方向，从进风隅角为 0 起始，至回风隅角最大的达到 0.003% 以上，CO 浓度呈递增趋势；同时沿工作面走向方向，在同一截面位置，第③排测点的 CO 浓度最大，第②排测点的 CO 浓度次之，第①排测点的 CO 浓度最小，而且回风隅角位置 CO 分布场受风流影响，变化不稳定。

（2）工作面 O_2 分布规律

工作面的 O_2 分布规律如图 3-10 所示，从 O_2 分布等值线可以看出工作面内风流整体比较稳定，但是在距离回风隅角 40 m 的范围内，支架间出现 O_2 浓度较低的现象，同时轨道运输巷口的位置风流不够稳定。同上，在走向方向工作面支架立柱间 O_2 浓度相对偏低，一般在 19% 左右，采煤机电缆槽上面 0.3 m 和距离煤壁 0.5 m 的地方，O_2 浓度为 20% 以上；在倾斜方向上，工作面从进风隅角开始，O_2 浓度逐渐降低。

3. 结果分析

综合图 3-9 和图 3-10 气体分布规律，从 CO 和 O_2 整体分布曲线进行分析，工作面内 O_2 浓度和工作面风流流场分布相关，在工作面风流比较流畅的区域，CO 浓度较低，在风流存在涡流的地方，CO 浓度较大。但是无论风量的如何调节，都不能彻底消除回风隅角的 CO，只能改变相对浓度，即工作面的 CO 具有固定的来源，风量的大小只是改变其在工作面的分布状态和 CO 相对浓度。

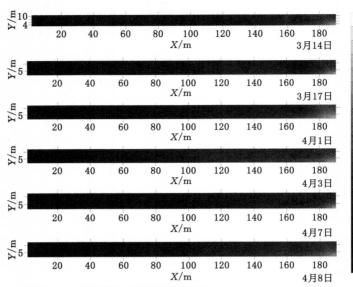

标注：Y/m指纵坐标方向距离原点的位置；
X/m指横坐标方向距离原点的位置

图 3-9 工作面 CO 平面分布示意图

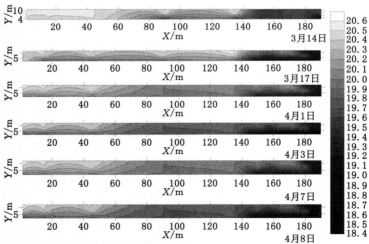

标注：Y/m指纵坐标方向距离原点的位置；
X/m指横坐标方向距离原点的位置

图 3-10 工作面 O_2 平面分布示意图

二、回风隅角 CO 气体影响因素的灰色关联分析

为了掌握工作面开采参数等对回风隅角 CO 浓度的影响程度,选取枣泉煤矿 12207 综放面和灵新煤矿 L1815 综采面进行观测,主要观测参数为回风隅角 CO 浓度、工作面配风量、日推进速度及回采率,观测结果见表 3-3。在影响因素分析过程中,采用了灰色系统关联度分析方法,该方法主要通过计算各相关要素之间的关联系数,从而分析系统中各因素关联程度,通过对现场数据的初步观察,在分析的 4 个相关因素中,只有回风隅角 CO 浓度为不可控因素,受其他 3 个因素的影响较大,因此主要以 CO 浓度为参考序列进行分析,主要借助 Matlab 数学计算软件进行。

表 3-3 工作面原始观测数据

序号	回风隅角 CO 浓度/%	工作面风量/(m^3/min)	日推进速度/m	回采率
1	0.006 0	620	2.4	0.38
2	0.003 6	693	6.4	0.52
3	0.008 6	645	5.6	0.50
4	0.008	600	5.6	0.27
5	0.008 6	592	3.2	0.66
6	0.008	576	3.2	0.66
7	0.008 6	576	5.6	0.22
8	0.005 2	558	5.6	0.79
9	0.005 2	552	7.2	0.61
10	0.005 4	552	5.6	0.48
11	0.005 6	552	5.6	0.79
12	0.004 8	548	7.2	0.48
13	0.006 2	554	6.4	0.77
14	0.003 6	693	8.0	0.55
15	0.002 1	485	2.0	0.62
16	0.001 2	415	2.1	0.66
17	0.003 0	517	4.0	0.61
18	0.003 3	559	4.1	0.67
19	0.001 8	475	4.0	0.74
20	0.001 8	554	0	0
21	0.007 5	500	0	0
22	0.000 6	388	4.9	0.80

序号	回风隅角 CO 浓度/%	工作面风量/(m^3/min)	日推进速度/m	回采率
23	0.000 5	494	5.7	0.76
24	0.004 4	425	6.0	0.63
25	0.018 8	400	5.1	0.73
26	0.002 0	466	3.8	0.82
27	0.009 0	508	3.9	0.98
28	0.008 4	310	4.2	0.80
29	0.002 9	328	6.5	0.61
30	0.015 9	328	7.9	0.67
31	0.003 7	360	5.8	0.61
32	0.003 7	397	9.9	0.55
33	0.014 1	595	5.1	0.71
34	0.008 1	595	5.0	0.63
35	0.001 1	651	7.8	0.65

1. 关联度计算

将表 3-3 的数据进行整理，记 X_1 为工作面配风量数组，X_2 为推进速度数组，X_3 为采空区回采率数组；Y 表示工作面回风隅角 CO 浓度数组，则成立 4 个数组如下所示：

$$Y = [y(1), y(2), y(3), \cdots, y(k), \cdots, y(35)]$$
$$X_i = [x_i(1), x_i(2), x_i(3), \cdots, x_i(k), \cdots, x_i(35)], i = (1,2,3)$$

k 表示数组的序列号，其值为 1～35。

其中 Y 数组为参考序列，X_1、X_2 和 X_3 数组为被比较序列。

为了能够对数组进行可比较性分析，首先对数组进行初始化处理，即将该序列所有数据分别除以第一个数据，则得到配风量、推进速度、回采率及回风隅角 CO 浓度的 4 个初始化数组如下：

$Y^1 = [1.000\ 0, 0.600\ 0, 1.433\ 3, 1.333\ 3, 1.433\ 3, 1.333\ 3, 0.866\ 7, 0.866\ 7,$
$0.866\ 7, 0.900\ 0, 0.933\ 3, 0.800\ 0, 1.033\ 3, 0.600\ 0, 0.350\ 0, 0.200\ 0, 0.500\ 0,$
$0.550\ 0, 0.300\ 0, 0.300\ 0, 1.250\ 0, 0.100\ 0, 0.083\ 3, 0.733\ 3, 3.133\ 3, 0.333\ 3,$
$1.500\ 0, 1.400\ 0, 0.483\ 3, 2.650\ 0, 0.616\ 7, 0.616\ 7, 2.350\ 0, 1.350\ 0, 0.183\ 3]$

$X_1^{\ 1} = [1.000\ 0, 1.117\ 7, 1.040\ 3, 0.967\ 7, 0.954\ 8, 0.929\ 0, 0.929\ 0, 0.900\ 0,$
$0.890\ 3, 0.890\ 3, 0.890\ 3, 0.883\ 9, 0.893\ 5, 1.117\ 7, 0.782\ 3, 0.669\ 4, 0.833\ 9,$
$0.901\ 6, 0.766\ 1, 0.893\ 5, 0.806\ 5, 0.625\ 8, 0.796\ 8, 0.685\ 5, 0.645\ 2, 0.751\ 6,$
$0.819\ 4, 0.500\ 0, 0.529\ 0, 0.529\ 0, 0.580\ 6, 0.640\ 3, 0.959\ 7, 0.959\ 7, 1.050\ 0]$

$X_2{}^1 = [1.000\ 0, 2.666\ 7, 2.333\ 3, 2.333\ 3, 1.333\ 3, 1.333\ 3, 2.333\ 3, 2.333\ 3,$
$3.000\ 0, 2.333\ 3, 2.333\ 3, 3.000\ 0, 2.666\ 7, 3.333\ 3, 0.833\ 3, 0.875\ 0, 1.666\ 7,$
$1.708\ 3, 1.666\ 7, 0, 0, 2.041\ 7, 2.375\ 0, 2.500\ 0, 2.125\ 0, 1.583\ 3, 1.625\ 0, 1.750,$
$2.708\ 3, 3.291\ 7, 2.416, 4.125\ 0, 2.125\ 0, 2.083\ 3, 3.250\ 0]$

$X_3{}^1 = [1.000\ 0, 1.368\ 4, 1.315\ 8, 0.710\ 5, 1.736\ 8, 1.736\ 8, 0.578\ 9, 2.078\ 9,$
$1.605\ 3, 1.263\ 2, 2.078\ 9, 1.263\ 2, 2.026\ 3, 1.447\ 4, 1.631\ 6, 1.736\ 8, 1.605\ 3,$
$1.763\ 2, 1.947\ 4, 0, 0, 2.105\ 3, 2.000\ 0, 1.657\ 9, 1.921\ 1, 2.157\ 9, 2.578\ 9,$
$2.105\ 3, 1.605\ 3, 1.763\ 2, 1.605\ 3, 1.447\ 4, 1.868\ 4, 1.657\ 9, 1.710\ 5]$

设 $X_1{}^2$、$X_2{}^2$ 和 $X_3{}^2$ 分别为 $X_1{}^1$、$X_2{}^1$、$X_3{}^1$ 数组和 Y^1 数组的序列差,则:
$X_1{}^2 = X_1{}^1 - Y^1$;$X_2{}^2 = X_2{}^1 - Y^1$;$X_3{}^2 = X_3{}^1 - Y^1$。则:

极大差　　$M = \max\ \max X_i{}^2(k) = 3.508\ 3$

极小差　　$m = \min\ \min X_i{}^2(k) = 0$

将以上两极差代入关联系数计算公式中,取分辨率 $\rho = 0.5$,则可得到工作面配风量、推进速度以及采空区回采率 3 个数组对工作面回风隅角 CO 浓度数组关联系数,计算公式如下:

$$\eta(k) = \frac{0.5 \times 3.508\ 3}{|Y(k) - X_i(k)| + 0.5 \times 3.508\ 3} \quad i = 1, 2, 3; k = 1, 2, 3, \cdots, 35$$

$$(3-1)$$

2. 计算结果

以工作面回风隅角 CO 浓度数组 Y 为参考序列,分别求工作面配风量数组 X_1、推进速度数组 X_2 及采空区回采率数组 X_3 对回风隅角 CO 浓度数组的关联度,求解公式如下:

$$R_i = \frac{1}{35} \sum_{k=1}^{35} \eta(k) \quad i = 1, 2, 3; k = 1, 2, 3, \cdots, 35 \quad (3-2)$$

最终求得工作面配风量、推进速度及采空区回采率对工作面回风隅角 CO 浓度的关联度分别为:$R_1 = 0.819\ 0$,$R_2 = 0.621\ 7$,$R_3 = 0.679\ 2$。根据相关经验,当分辨率 $\rho = 0.5$ 时,若关联度大于 0.6 便认为结果满意,因此针对以上分析结果可以看出,工作面配风量、推进速度及采空区回采率都对回风隅角 CO 浓度的大小产生影响,其中工作面配风量对 CO 积聚程度影响最大,推进速度次之,采空区回采率最小。

第三节　工作面不同位置一氧化碳变化规律

一、工作面概况

以梅花井煤矿 1106₁06 工作面、金凤煤矿 011805 工作面、红柳煤矿 I010204

工作面、清水营煤矿 110204 工作面、石槽村煤矿 $1102_2 05$ 工作面为研究对象，进行了工作面、上隅角和回风流的 CO 浓度变化规律研究，工作面设计参数见表3-4。

表 3-4　　　　　　　　　　不同观测工作面设计参数

观测工作面	开采方式	倾斜长/m	走向长/m	煤厚/m	倾角/(°)	自燃倾向性
梅花井煤矿 $1106_1 06$ 面	综采面	217.0	4 616	4.50	17	自燃
金凤煤矿 011805 面	综采沿空留巷	289.0	3 046	3.85	2	易自燃
红柳煤矿 I010204 面	综采面	303.5	1 638	5.13～6.25	8～13	易自燃
清水营煤矿 110204 面	综采面	180.0	2 430	3.80～5.40	17～26	易自燃
石槽村煤矿 $1102_2 05$ 面	综采面	248.0	1 444	3.00	0～15	易自燃

二、CO 浓度变化规律

监测的各工作面、上隅角、回风流的 CO 浓度分布结果如图 3-11～图 3-15 所示。

从图中可以得出，在不同的开采时期工作面的 CO 浓度动态变化，较为明显的规律为：工作面上隅角是 CO 集聚的主要地点，不同工作面上隅角 CO 浓度均高于其他位置。大部分工作面上隅角 CO 浓度上升时，伴随着其他位置的同步上升，同时，工作面推进度降低期间，气体浓度会相应上升。正常回采时期，工作面、上隅角和回风流的 CO 浓度基本稳定。

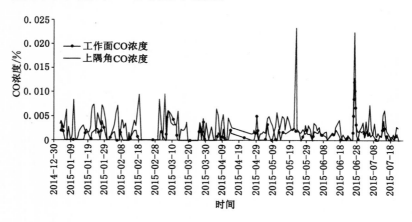

图 3-11　梅花井煤矿 6 及 6-1 煤 $1106_1 06$ 工作面、上隅角 CO 浓度与时间的关系

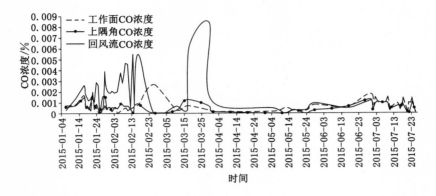

图 3-12　金凤煤矿 18 煤 011805 工作面、上隅角和回风流 CO 浓度与时间的关系

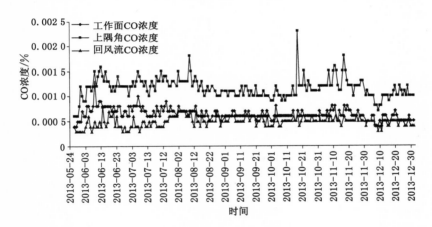

图 3-13　红柳煤矿 2 煤 I010204 工作面、上隅角和回风流 CO 浓度与时间的关系

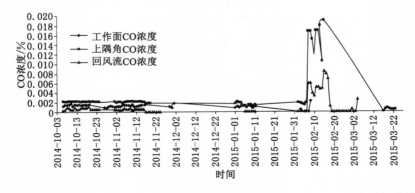

图 3-14　清水营煤矿 2 煤 110204 工作面、上隅角和回风流 CO 浓度与时间的关系

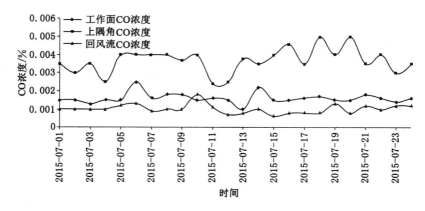

图 3-15　石槽村煤矿 2-2 煤 $1102_2 05$ 工作面、上隅角和回风流 CO 浓度与时间的关系

第四节　采空区一氧化碳积聚规律

工作面开采后,顶煤及直接顶发生冒落,形成松散的多孔介质,空气可沿着松散介质渗流到采空区内部与煤体发生缓慢氧化反应产生热量,若热量得不到及时、有效的散失而不断积聚,最终导致煤体温度不断升高而发生自燃。松散煤体发生自燃是一个极其复杂的物理化学过程,松散煤体中的空气渗流场、CO 浓度场、温度场与煤氧化过程的物理化学反应场相互影响并且使松散煤体发生非稳态变化。在正常开采过程中,采空区煤体自燃的发展非常缓慢,可将工作面采空区的渗流速度场和 CO 浓度场近似看成稳态,不随时间和温度发生变化[100]。因此,为了进一步了解采空区浮煤自燃的规律,可采用数值模拟软件 Fluent 的前处理器 Gambit 对工作面采空区三维物理模型建立几何结构并进行网格划分,然后利用 Fluent 的求解器对采空区内部渗流速度场及 CO 浓度场进行计算,得出其分布规律,以实验所得的煤自燃程度为依据,判断采空区遗煤自燃程度,为工作面的自燃火灾防治提供参考依据。

数值模拟也称为计算流体力学法[101](CFD,Computer Fluid Dynamics)。随着计算机的发展和应用,用计算机来对采空区渗流、CO 产生等进行模拟成为可能。该方法就是在计算机上虚拟地进行实验,依据 CO 产生的数学模型,将采空区划分成有效的控制体,把控制采空区渗流及 CO 产生的偏微分方程离散为非连续的代数方程组,结合实际的边界条件在计算机上数值求解离散所得的代数方程组,只要划分的控制体足够小,就可以认为离散区域上的离散值代表整个采空区的渗流速度及 CO 浓度分布情况。

一、采空区 CO 积聚数学模型

采空区内充满冒落的块状破碎遗煤和岩石,这些破碎松散体之间的裂隙遍布整个空间,这些特征符合对多孔介质的界定,目前国内外很多学者对采空区流场的研究也都是基于这一基础而展开。气体在多孔介质中流动遵守质量守恒、能量守恒及动量守恒定律,并且包含不同组分的混合、传质,另外必须遵守组分守恒定律,根据能量、质量守恒定律可以得到采空区 CO 气体运移规律的数学方程,结合具体的边界条件、初始条件构成了采空区气体流动的数学模型。

1. 松散煤体内的渗流方程

将综放采空区视为松散煤体与岩层混合体组成,由于松散煤体空隙的时空分布不均匀,且漏风源和漏风量难以确定,松散煤体中的漏风流场十分复杂,因此,仅考虑平均意义下的漏风风速,即通过单位面积松散煤体的漏风量。假设计算区域内风流在松散煤体中的密度不变,常温常压下松散煤体对空气的吸附与脱附达到平衡,则有:

$$\frac{\partial \bar{v}_x}{\partial x} + \frac{\partial \bar{v}_y}{\partial y} + \frac{\partial \bar{v}_z}{\partial z} = 0 \tag{3-3}$$

式中 $\bar{v}$ ——平均漏风风速(通过单位面积煤样的漏风量),m/s。

松散煤体中的空隙通道是极不规则的,使得空气在松散煤体中的流动十分复杂,尽管渗流状态在采空区不同位置发生改变,但由于采空区渗流速率很快降低,渗流主要还是层流状态,采空区渗流动量方程近似服从达西定律,在三维条件下表示为:

$$\begin{cases} \bar{v}_x = -K_x \dfrac{\partial H}{\partial x} \\[2mm] \bar{v}_y = -K_y \dfrac{\partial H}{\partial y} \\[2mm] \bar{v}_z = -K_z \dfrac{\partial H}{\partial z} \end{cases} \tag{3-4}$$

式中 $\bar{v}_x, \bar{v}_y, \bar{v}_z$ ——x、y、z 方向上的风速分量,m/s;

$\quad$ K——多孔介质中的渗透系数,$m^3 \cdot s/kg$;

$\quad$ H——总水头,Pa。

$$H = p + \rho g Z + \frac{1}{2}\rho v^2$$

式中 p——静压力,Pa;

$\quad$ ρ——空气密度,常温常压 $\rho = 1.294\ 6\ kg/m^3$;

$\quad$ g——重力加速度,$g = 9.8\ m/s^2$,动能项在计算中可以忽略。

$$k = K \cdot \mu$$

式中 k——绝对渗透率,m^{-2};

μ ——空气黏性系数，$\mu = 1.7894 \times 10^{-5}$ kg/(m·s)。

由式(3-3)和式(3-4)式得：

$$\frac{\partial}{\partial x}(k_x \frac{\partial H}{\partial x}) + \frac{\partial}{\partial y}(k_y \frac{\partial H}{\partial y}) + \frac{\partial}{\partial z}(k_z \frac{\partial H}{\partial z}) = 0 \qquad (3-5)$$

2. 组分质量守恒方程

多孔介质中气体组分运移过程包括扩散及渗流传质。采空区松散煤体内空隙分布较宽，渗流主要发生在较大的空隙中，松散体内渗流速度一般较小，处于层流状态。根据多孔介质传质学理论，松散煤体内气体组分的质量守恒方程为：

$$\frac{\partial c_j}{\partial t} + \bar{v}_x \frac{\partial c_j}{\partial x} + \bar{v}_y \frac{\partial c_j}{\partial y} + \bar{v}_z \frac{\partial c_j}{\partial z} = D_{jx} \frac{\partial^2 c_j}{\partial x^2} + D_{jy} \frac{\partial^2 c_j}{\partial y^2} + D_{jz} \frac{\partial^2 c_j}{\partial z^2} + v_j(T)$$

$$(3-6)$$

式中　D_j —— 组分 j 在煤体中的扩散系数；

c_j —— 组分 j 浓度；

$v_j(T)$ —— 组分 j 在温度为 T 时的产生速率。

(1) 对于氧气，由于煤氧复合作用为耗氧反应，因此 $v_{O_2}(T)$ 为负数。煤样在新鲜风流中氧浓度为 $c_{O_2}^0$ 时，氧气的消耗速率 $v_{O_2}^0(T)$ 可通过大型自然发火实验测得。松散煤体在不同氧气浓度下的耗氧速率可用下式表示：

$$v_{O_2}(T) = \Psi(d_{50}) \cdot v_{O_2}^0(T) \cdot \frac{c_{O_2}^0}{c_{O_2}} \qquad (3-7)$$

式中　$\Psi(d_{50})$ ——粒径影响函数，根据程序升温实验测得。

(2) 对于 CO 气体，煤样在新鲜风流中氧浓度为 $c_{O_2}^0$ 时，CO 产生速率 $v_{CO}^0(T)$ 可通过大型自然发火实验测得。松散煤体在不同氧气浓度下的 CO 产生率可用下式计算：

$$v_{CO}(T) = \Psi(d_{50}) \cdot v_{CO}^0(T) \cdot \frac{c_{O_2}^0}{c_{O_2}} \qquad (3-8)$$

3. 能量守恒方程

通常松散煤体内部渗流空气流速很小，煤体颗粒可以近似认为各向同性，根据能量守恒方程可得：

$$\rho \cdot c \frac{\partial T}{\partial t} = \lambda \cdot \nabla(\mathrm{grad}\, T) - \rho_g \cdot c_g \cdot \nabla(\overline{Q} \cdot T) \qquad (3-9)$$

式中　ρ ——松散煤体的当量密度，$\rho = \rho_g n + \rho_c(1-n)$，g/cm³；

ρ_g, ρ_c ——漏风风流和松散煤体的密度，g/cm³；

c ——松散煤体的当量比热容，$c = c_g n + c_c(1-n)$，J/(g·℃)；

c_g, c_c ——漏风风流和松散煤体的比热容，J/(g·℃)；

λ ——松散煤体的导热系数，J/(m·s·℃)；

$\overline{Q}$——漏风强度,cm³/(cm² · s)。

二、采空区 CO 积聚简化物理模型

1. 采空区计算区域

12207 综放面走向长度约 2 250 m、倾向斜长约 162 m。12207 综放面两道约 5 m 不放顶煤,综放面煤层平均厚 8 m,采高 3 m,放煤 5 m,总回采率初步计算约为 67%。同时采空区内氧化带范围内空隙率按 0.2 考虑。根据上述综放面回采情况和巷道资料,12207 综放面采空区浮煤平均厚度及宽度可推断: ① 胶带运输巷和轨道运输巷及两端头支架处浮煤厚度为 6.2 m;② 工作面中部范围内的浮煤厚度为 3.5 m。

发生渗流的区域主要在采空区胶带运输巷和轨道运输巷之间,煤层底板以上 25 m 高的范围内。沿工作面走向上,距工作面一定距离后,承受矿压相差不大,空隙率及渗流阻力等影响自燃的因素变化也不大,趋于一个定值,故在考虑数值计算强度的条件下,选取从工作面到采空区 158 m 深处的范围作为计算区域的长度。该工作面倾向斜长约 162 m,因此选取 162 m 的范围作为计算区域的宽度。采用非结构化网格,工作面采空区胶带运输巷和轨道运输巷内遗煤步长 0.2 m,采空区顶部岩体步长 1 m。工作面及胶带运输巷和轨道运输巷步长 0.5 m。工作面采空区物理模型如图 3-16 所示。

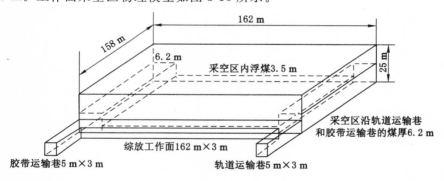

图 3-16　12207 综放面采空区物理模型

2. 控制方程

渗流模型中仅考虑平均意义下的漏风风流流速,即通过单位面积松散煤体的漏风量。假设计算区域内风流在松散煤体中的密度不发生变化,常温常压下松散煤体对空气的吸附与脱附达到平衡,氧气与煤反应消耗的同时生成等量气体,空气质量不会发生变化。空气在采空区煤岩体中的渗流符合达西定律,空气中各组分按照菲克定律从浓度高处向低处扩散。由于煤自燃过程非常缓慢,因此可以认为在正常生产中采空区的渗流、扩散及化学反应是稳态过程,采空区温

度保持不变,则可以得出如下控制方程:

$$\begin{cases} \dfrac{\partial \bar{v}_x}{\partial x} + \dfrac{\partial \bar{v}_y}{\partial y} + \dfrac{\partial \bar{v}_z}{\partial z} = 0 \\[2mm] \rho \cdot c \dfrac{\partial T}{\partial t} = \lambda \cdot \nabla(\mathrm{grad}\,T) - \rho_g \cdot c_g \cdot \nabla(\overline{V} \cdot T) \\[2mm] \dfrac{\partial c_j}{\partial t} + \bar{v}_x \dfrac{\partial c_j}{\partial x} + \bar{v}_y \dfrac{\partial c_j}{\partial y} + \bar{v}_z \dfrac{\partial c_j}{\partial z} = D_x \dfrac{\partial^2 c_j}{\partial x^2} + D_y \dfrac{\partial^2 c_j}{\partial y^2} + D_z \dfrac{\partial^2 c_j}{\partial z^2} + v_j(T) \\[2mm] v_{CO}(T) = \boldsymbol{\Psi}(d_{50}) \cdot v_{CO}^0(T) \cdot \dfrac{c_{O_2}^0}{c_{O_2}} \\[2mm] v_{O_2}(T) = \boldsymbol{\Psi}(d_{50}) \cdot v_{O_2}^0(T) \cdot \dfrac{C_{O_2}^0}{C_{O_2}} \\[2mm] \bar{v}_i = K_i \dfrac{\partial H}{\partial i} \quad (i = x, y, z) \end{cases}$$

$$(3\text{-}10)$$

3. 物性参数及边界条件

(1) 物性参数

根据现场实际情况,计算区域基本物性参数取值为:模型温度为定值 27 ℃;松散煤体空隙率 $k = 0.2 \sim 0.3$;松散煤体的平均粒径取 20 mm。松散煤体、岩石、空气的基本物性参数见表 3-5。

表 3-5　　　　　　　　　　　基本物性参数取值表

物性参数	松散煤体	空气	岩石
密度/(kg/m³)	1 330	1.02	2 700
比热容/[J/(kg·℃)]	1 530	1 003.5	873
导热率/[J/(m·s·℃)]	0.12	0.026 5	0.17

根据大型煤自然发火实验结果,27 ℃时,$v_{O_2}^0$ 为 7.19×10^{-6} kg/(m³·s),v_{CO}^0 为 7.41×10^{-8} kg/(m³·s)。

根据程序升温实验结果,粒度影响函数为:

$$\boldsymbol{\Psi}(d_{50}) = 0.841\,57 - 0.457\,46 \cdot \ln\left(\frac{d_{50}}{d_{\mathrm{ref}}} + 0.092\,35\right) \tag{3-11}$$

采空区不同深度的渗透系数为:

$$K = \varphi(n) = \begin{cases} 1.605 \times 10^{-6} \times (0.000\,01y^2 - 0.002y + 0.3)^2 & y \leqslant 100 \\ 6.42 \times 10 - 8 & y > 100 \end{cases}$$

$$(3\text{-}12)$$

(2) 边界条件

建立的工作面采空区渗流模型边界条件包括工作面风流的压力及 CO 浓度和其余表面压力参数,在模型中可将其余表面近似看成壁面,气体不能通过其进行渗透。则工作面采空区渗流、扩散模型的边界条件如下:

壁面上:体积流量 $Q=0$;

暴露面:工作面是暴露面,其断面面积基本上保持不变。风流在边界层外为紊流状态,由于流体层间的摩擦和流体与井壁之间的摩擦形成摩擦阻力,造成流体压能损失 ΔP。设工作面摩擦风阻为 R,通风流量为 Q,则存在以下关系:

$$\Delta P = RQ^2 \tag{3-13}$$

假设工作面基本水平、各处断面面积基本相等、工作面比较光滑,故可认为工作面摩擦风阻 R 与工作面及巷道长度成正比。通过测定工作面各点风量及工作面两端压差,代入上式即可计算出工作面压力分布。

工作面 CO 浓度:0。

(3)边界设定

数学模型建立后,对边界条件的设置均采用 Fluent 中的用户自定义函数(UDF)进行设定。设定参数包括工作面采空区渗透系数倒数、空隙率、计算区域内氧气的消耗速率和 CO 气体的产生速率及它们的质量浓度,其他表面均设定为壁面。以其中采空区空隙率的用户自定义函数(UDF)为例编写如下:

DEFINE_ PROFILE(porosity,//function name thread,//threanv)//variable number

```
{ face_t f;
   real x[ND_ND];   //loop over each of the faces of this zone
   begin_f_loop(f,thread)
     { F_CENTROID(x,f,thread);
         if(x[0]<=100)
     F_PROFILE(f,thread,nv)=0.00001*x[0]*x[0]-0.002*x[0]+0.3;
         else
     F_PROFILE(f,thread,nv)=0.2;
} end_f_loop(f,thread)
```

三、采空区 CO 积聚规律

采用 Fluent 流体软件对 12207 工作面采空区的 CO 积聚模型进行了数值求解,计算过程中主要以常温条件下 27 ℃时采空区 CO 积聚为模拟对象,数值模拟的残差如图 3-17 所示。从图中看出,经过 500 多次迭代,CO 浓度残差数量级均达到 10^{-4},且迭代残差趋于稳定,可认为求解结果已经收敛。

根据计算结果,为了掌握正常开采期间采空区内 CO 积聚的立体分布规律,分别在距离底板 0.5 m、2 m 以及 3.5 m 高的位置截取了 3 张 CO 积聚平面图，在距离工作面深 20 m、50 m、100 m 及 150 m 位置沿倾斜方向垂直底板截取了 4 张 CO 积聚剖面图。分别如图 3-18～图 3-21 所示，通过对各图进行综合分析可以得到以下结论：

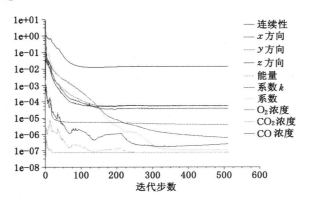

图 3-17　数值模拟迭代过程残差图

1. 采空区内同一水平面的 CO 积聚规律

从图 3-18～图 3-21 可以看出，在同一水平面内 CO 在进风侧不易积聚，在采空区回风侧积聚的浓度较大，当采空区 CO 浓度积聚到一定浓度后，受采空区漏风流场以及工作面压力的影响，首先从工作面回风隅角涌出，随着 CO 气体浓度不断增加，CO 气体逐渐扩散到工作面支架后部，从支架间涌入工作面。同时通过图 3-18～图 3-21 中 CO 积聚规律还可以发现，距离工作面越远，采空区内 CO 积聚的梯度越来越小，其原因是随着深度的增加，采空区漏风量逐渐减少，CO 的产生率降低导致。

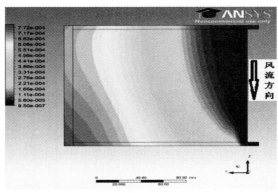

图 3-18　$Z=0.5$ m 高度处 CO 浓度分布图

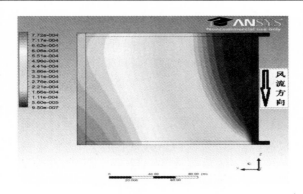

图 3-19　$Z=2$ m 高度处氧气浓度分布

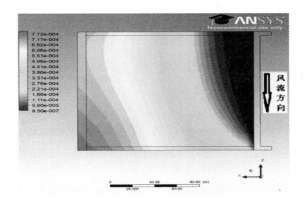

图 3-20　$Z=3.5$ m 高度处 CO 浓度分布

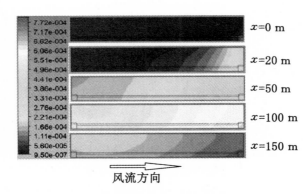

图 3-21　距离工作面不同距离处 CO 浓度分布

2. 不同水平面内的 CO 积聚规律

通过 CO 积聚平面图和剖面图综合分析,针对采空区同一深度位置上,随着距离煤层底板距离越大,CO 的浓度逐渐降低。在同一剖面内,采空区进风侧内的 CO 浓度较小,然后向回风侧位置,CO 浓度越来越大,轨道运输巷道及周边相应的冒落带内 CO 值最大。结合采空区的漏风规律,CO 积聚受采空区漏风流场的影响较大。

3. 回风隅角 CO 浓度和采空区内 CO 积聚关系

在漏风供氧条件下,采空区内遗煤开始缓慢氧化,产生 CO 气体,CO 产生率大小将影响 CO 气体渗流到工作面回风隅角的涌出量;同时,采空区松散煤体的空隙率和渗透系数也是影响 CO 气体渗流到工作面回风隅角的主要因素。在此特定的采空区空隙率和渗透系数条件下,通过数值模拟发现,12207 工作面回风隅角位置 CO 浓度最大为 0.008 8%,采空区内 CO 浓度最大达到 0.077 2%,现场实测发现回风隅角正常生产时平均 CO 浓度为 0.009 8%左右,模拟结果与现场实测数据较为吻合。

本 章 小 结

本章主要通过理论分析、现场观测对工作面及采空区的 CO 等气体进行综合研究,发现了实际生产条件下 CO 的产生及积聚规律:

(1) 发现采空区 CO、O_2 及采空区深度的相互影响规律,采空区内 CO 浓度呈正态分布曲线变化,O_2 浓度呈直线递减变化,同时获取了 CO、O_2 及采空区深度等 3 个参数之间的 9 个特征点,可以通过特征点对采空区内氧化规律及氧化危险区域进行分析判断。

(2) 工作面的配风量、风流流场、推进速度、回采率都对工作面回风隅角 CO 的积聚影响较大,其中工作面配风量对 CO 积聚影响最大,推进速度次之,回采率最小。

(3) 工作面上隅角是 CO 积聚的主要地点,不同工作面上隅角 CO 浓度均高于其他位置。

(4) 根据采空区 CO 积聚数值模拟结论,正常开采条件下工作面的回风隅角 CO 积聚浓度为 0.008 8%,对应的采空区内最高 CO 积聚浓度为 0.077 2%。同时在采空区水平面内 CO 主要积聚在回风侧并通过回风隅角涌入工作面及回风流,在同一深度的位置,距离底板越近 CO 浓度越大。

第四章 工作面回风隅角一氧化碳浓度安全指标计算

目前,高产高效开采已成为我国矿井生产的主要模式,由于生产规模增大,煤氧化程度增加,正常开采的过程中就出现工作面 CO 气体异常涌出现象,为井下煤自燃灾害进行预测预报带来极大干扰,从而丧失预防和控制煤自燃的最佳时机。为此,本书在前面章节实验、模拟、观测的研究基础之上,通过对开采条件、煤层自燃特性、CO 来源及其主要因素分析,建立工作面正常开采条件下回风隅角 CO 浓度安全指标计算模型,解释工作面正常开采条件下回风隅角 CO 浓度的积聚原因,为及时发现 CO 浓度超限、采空区自然发火预测提供参考依据。

第一节 回风隅角一氧化碳浓度安全指标计算模型

一、回风隅角 CO 来源及影响因素

1. 煤层中 CO 的来源分析

虽然关于煤层开采过程中 CO 的来源较多,但是通过本书之前章节对灵武矿区煤层氧化 CO 产生、积聚规律的研究结果最终可以看出,采空区遗煤氧化产生 CO 才足以对工作面 CO 积聚现象产生影响。因为其具有如下特点:

(1)采空区大量遗煤的持续氧化,能够保证工作面回风隅角具有充足的 CO 来源。

(2)随着采空区遗煤氧化温度的不断升高,CO 产生量增加,工作面回风隅角 CO 气体会出现对应的增加,合乎相关影响逻辑。

(3)工作面回风隅角 CO 气体产生受采空区煤氧化控制措施的影响较大,当对采空区进行降温、堵漏、惰化以后,工作面回风隅角 CO 气体会出现相应地降低。

2. 煤氧化产生 CO 影响因素

根据煤自然氧化产生 CO 的实验可以看出,影响 CO 产生的最主要因素为温度和氧气浓度。煤在低温氧化阶段,随着温度的升高 CO 产生率会呈指数曲线增长;在同一温度条件下,随着 O_2 浓度的增加,其 CO 的产生量也会成倍数增加;单位体积的煤体受氧化时间越长,其 CO 产生量越大。

3. 工作面回风隅角 CO 浓度积聚影响因素

根据工作面回风隅角 CO 浓度影响因素的灰色关联分析,工作面配风量、推进速度及回采率依次从大到小对回风隅角 CO 的浓度产生影响。

(1)工作面配风量。工作面回风隅角 CO 浓度与工作面供风量的平方成反比,与漏风率成反比,即增加工作面风量可显著降低工作面回风隅角 CO 浓度。煤层开采过程中,监测到的 CO 浓度值为相对浓度,所以受风量的影响较大,主要表现在两个方面,一方面当工作面风量偏大时,将会增加采空区的漏风量,造成采空区氧化带宽度增加,CO 气体的绝对产生量增大,但是能够对工作面 CO 浓度起到一定的稀释作用;另一方面,当工作面的风量偏小时,减小采空区煤自然氧化带的宽度,减小采空区遗煤氧化程度,但不利于采空区热量的降低。

(2)推进速度。随着工作面推进速度的增加,采空区固定点煤体受氧化的时间相对减少,氧化程度降低,降低了 CO 产生量,相对来说降低推进速度,采空区 CO 的产生量将会相对增加。

(3)回采率。当工作面回采率增加以后,采空区内的煤体就会减少,CO 的绝对产生量将会降低;反之,则增加。

4. 采空区 CO 产生影响因素

根据现场的观测结果,采空区内 CO 绝对产生量主要与采空区内遗煤量的多少以及不同位置的氧化程度相关。因此工作面的布置方式,如开采高度、工作面长度及回采率都会对 CO 产生量产生影响,同时处于采空区不同深度的煤体氧化程度也不一样,导致 CO 产生量也不相同。

5. 采空区 CO 积聚影响因素

根据不同温度下采空区 CO 浓度和回风隅角 CO 浓度影响因素分析,工作面回风隅角的 CO 气体主要来源于采空区煤的自然氧化,并且在不同的温度条件下,采空区内氧化程度的不同导致 CO 产生量也不同。同时根据采空区 CO 分布规律可以看出,随着采空区 CO 产生量不断增加,积聚到一定临界量时,CO 便会从工作面回风隅角开始涌入工作面,如果积聚量持续增加,涌入位置会从回风隅角向进风隅角方向发展。

二、采空区 CO 的定量计算模型

根据对工作面回风隅角 CO 气体的来源和影响因素分析发现,在工作面正常开采条件下,能够影响工作面回风隅角 CO 气体的主要来源为破碎煤体氧化,因此可以根据生产过程中煤体的氧化时间不同,将其主要来源分为以下三类:① 采空区内遗煤的长期氧化产生;② 推采过程中进入采空区的煤体氧化产生;③ 支架顶部煤体氧化及其他煤体氧化产生。则可建立以下工作面回风隅角 CO 浓度,计算数学模型为:

$$c_{CO} = \frac{V_{CO}^1 + V_{CO}^2 + V_{CO}^3}{Q_{漏}} \tag{4-1}$$

式中 $Q_{漏}$——采空区漏风量；

V_{CO}^1——采空区遗煤氧化产生 CO 量；

V_{CO}^2——推采过程中进入采空区的煤体氧化产生 CO 量；

V_{CO}^3——支架顶部煤体氧化和其他煤体氧化产生 CO 量。

1. 漏风强度及漏风量

在正常开采条件下,采空区存在漏风风流,给遗煤自燃提供了必要的供氧条件,漏风风流的风速大小直接影响着煤体的散热和 CO 浓度的扩散,采空区的漏风风流大小一般使用漏风强度、漏风率等参数表示。

采空区 O_2 浓度在一个特定区域主要受漏风强度影响。当新鲜风流渗透到采空区遗煤时,沿着漏风路线,随着风流流动,由于煤体对氧消耗、CO 稀释氧浓度,使得风流中的氧含量逐渐降低。在特定区域,由于温度恒定时,煤对氧的消耗速率及 CO 释放量基本上是个定值,因此,采空区的漏风强度决定了氧浓度的分布情况。

$$Q_{漏} = \overline{Q} \cdot S \tag{4-2}$$

根据相似定律,可由已观测工作面采空区漏风强度推算出类似工作面采空区漏风强度和氧气浓度分布。

$$\frac{\overline{Q_1}}{\overline{Q_2}} = \frac{R_1 L_2 \varphi_2(n)}{R_2 L_1 \varphi_1(n)} \cdot \left(\frac{Q_1}{Q_2}\right)^2 \tag{4-3}$$

即：

$$\frac{Q_{漏1}}{Q_{漏2}} = \frac{\overline{Q_1} S_1}{\overline{Q_2} S_2} = \frac{R_1 L_2 S_1 \varphi_2(n)}{R_2 L_1 S_2 \varphi_1(n)} \cdot \left(\frac{Q_1}{Q_2}\right)^2 \tag{4-4}$$

定义漏风系数为 η,则

$$\eta \cdot \frac{Q_{漏2}}{Q_1^2} = \frac{Q_{漏1}}{Q_1^2} = \frac{R_1 L_2 S_1 \varphi_2(n)}{R_2 L_1 S_2 \varphi_1(n)} \cdot \frac{Q_{漏2}}{Q_2^2} \tag{4-5}$$

设两个工作面的条件相同,则：

$$\eta = \frac{Q_{漏}}{Q} \tag{4-6}$$

即：

$$Q_{漏} = \eta \cdot Q \tag{4-7}$$

式中 Q——工作面供风量,m^3/min；

Q_1, Q_2——要求和已知工作面的配风量,m^3/min；

$\overline{Q_1}, \overline{Q_2}$——要求和已知工作面的漏风强度,$m^3/(min \cdot m^2)$；

$Q_{漏1}, Q_{漏2}$——要求和已知工作面的漏风量,m^3/min；

R_1, R_2——要求和已知采空区的渗透系数；

L_1，L_2——要求和已观测工作面的周长，m；

S_1，S_2——要求和已知工作面面积，m^2；

$\varphi_1(n)$，$\varphi_2(n)$——要求和已知工作面的摩擦阻力系数。

2. CO 产生量计算

采空区内不同氧化程度的煤体可以分为两类，氧化带和散热带的煤体。为了计算方便，将开采过程中进入采空区内的遗煤可理想化为采空区内散热带的遗煤，采空区氧化产生 CO 量主要为氧化带内的煤体氧化产生。采空区内不同位置的固定 CO 产生量主要受温度、氧气浓度影响。煤体的氧化温度可根据实际需要测定，相应温度条件下 CO 产生率可由煤自然发火实验测定结果分析，则 CO 浓度的产生主要由被氧化的遗煤量和 CO 产生率决定。因此，采空区内 CO 产生量可采用如下公式进行计算：

采空区遗煤散热带 CO 产生量：

$$V_{CO}^1 = \alpha \cdot L \cdot H \cdot Z_1 \cdot (1 - \varphi) \cdot \delta_{CO}(T) \tag{4-8}$$

采空区遗煤氧化带 CO 产生量：

$$V_{CO}^2 = \beta \cdot L \cdot H \cdot Z_2 \cdot (1 - \varphi) \cdot \delta_{CO}(T) \tag{4-9}$$

式中　α——采空区氧化带遗煤氧化修正系数，小于 1（一般情况下，综采面取 0.3～0.5，综放面取 0.2～0.4），取值主要根据现场实际已获得的 CO 浓度值数据进行验证、校正；

　　Z_1——采空区氧化带的宽度，m；

　　β——采空区散热带遗煤氧化修正系数，在正常漏风条件下，一般取 0.8～1，若漏风率小于 1%，则取小于 0.5；

　　Z_2——采空区散热带的宽度，m；

　　φ——工作面回采率，%；

　　$\delta_{CO}(T)$——煤体在温度为 T 时的 CO 产生速率（根据煤自燃性实验确定），$mol/(cm^3 \cdot s)$；

　　L——工作面长度，m；

　　H——开采煤层厚度，m。

支架顶煤氧化、串联工作区域爆破等其他原因产生 CO 量：

$$V_{CO}^3 = V_{割煤} + V_{爆破} + V_{其他} \tag{4-10}$$

通常情况下串联工作区域爆破或其他原因产生的 CO 存在时间较短，在正常监测预报时，一般可以将其过滤。因此，V_{CO}^3 可以认为在割煤过程中单位体积煤量机械破碎时产生的 CO 量为 θ_{CO}（mol/cm^3），则：

$$V_{CO}^3 = V_{割煤} = \frac{vLH}{24 \times 3\ 600} \theta_{CO} = 1.157 \times 10^{-5} vLH\theta_{CO} \tag{4-11}$$

式中　v——工作面推进速度，m/d。

3. 采空区 CO 浓度计算模型

将以上式(4-8)～式(4-11)代入式(4-1)中,则可得到工作面正常生产时回风隅角 CO 浓度计算模型:

$$c_{CO} = \frac{(\alpha Z_1 + \beta Z_2)LH(1-\varphi)\delta_{CO}(T) + 1.157 \times 10^{-5} vHL\theta_{CO}}{\eta Q} \qquad (4\text{-}12)$$

在一般开采条件下,煤体机械破碎产生的 CO 量远远小于煤体氧化产生 CO 量,即 $\delta_{CO}(T) \gg 1.157 \times 10^{-5}\theta_{CO}$,因此,在计算工作面正常开采条件下回风隅角 CO 浓度时,上式可简化为:

$$c_{CO} = \frac{(\alpha Z_1 + \beta Z_2)LH(1-\varphi)\delta_{CO}(T)}{\eta Q} \qquad (4\text{-}13)$$

由式(4-12)可知:工作面上隅角 CO 生产及变化规律为:

① 工作面开采初期,随着距开切眼的距离增大,上隅角 CO 浓度有所增大,当距离大于采空区氧化带宽度时,上隅角 CO 浓度基本稳定在一定范围。

② 工作面长度或采高增大,上隅角 CO 浓度增大。

③ 工作面回采率增大,上隅角 CO 浓度减小。

④ 工作面上隅角 CO 浓度与工作面供风量的平方成反比,与漏风率成反比,即增加工作面风量可显著降低工作面上隅角 CO 浓度。

⑤ 工作面上隅角 CO 浓度与煤在不同温度条件下的 CO 产生率成正比。根据煤样实验,在新鲜风流条件下,灵武矿区煤样氧化升温时的 CO 产生率是常温时 CO 产生率 2～3 倍,因此,当工作面上隅角 CO 浓度超过正常条件下的 2～3 倍时,即可预报采空区浮煤已经氧化升温,存在自然发火危险。

⑥ 由式(4-12)可知,由于煤体机械破碎产生的 CO 量较小,即 CO 值相对较小,因此,工作面正常开采条件下,工作面推进速度的变化对上隅角 CO 浓度的影响不大,但如果工作面推进速度减小,引起采空区浮煤温度升高时,CO 产生率增大,则工作面上隅角 CO 浓度将显著增大。

第二节　计算模型相关参数

根据工作面实际情况进行采空区测点布置,通过监测工作面的各种生产参数如回采率、推进速度、风量等,以及采空区不同深度的 O_2、CO 等气体分布规律,对采空区煤自然氧化"三带"范围、最小安全推进带等主要参数进行分析和计算,获取计算采空区煤自然氧化产生 CO 量的相关参数。

一、工作面基本参数

1. 工作面设计参数

根据现场实际生产情况和地质条件的不同,分别选择在灵新煤矿、枣泉煤矿、磁窑堡煤矿、羊场湾煤矿选择不同开采方式的典型工作面进行采空区 CO 及采空区煤自然氧化"三带"的观测,具体工作面的名称和参数如表 4-1 所列。

表 4-1　　　　　　　　　　　观测工作面布置

观测工作面	开采方式	倾斜长/m	走向长/m	煤厚/m	倾角/(°)	自燃倾向性
灵新煤矿 L1815 面	综采面	277	807.5	3.1	11.5	易自燃
枣泉煤矿 12207 面	综放面	162	2 249	8.09	12	易自燃
磁窑堡煤矿 W1714 面	综采面	185.4	892	2.25	15	自燃
羊场湾煤矿 Y162 面	综放面	300	3 257	10	10～16	易自燃
羊场湾煤矿 Y110206 面	大采高	298	1 976	7	10	易自燃
清水营煤矿 110204 面	综采面	2 430	180	3.80～5.40	17～26	易自燃
石槽村煤矿 $1102_2$05 面	综采面	1 444	248.4	3.0	0～15	易自燃
梅花井煤矿 $1106_1$06 面	综采面	4 616	217	4.5	17	自燃
金凤煤矿 011805 面	综采沿空留巷	3 046	289	3.85	2	易自燃
红柳煤矿 I010204 面	综采面	1 638	303.5	5.13～6.25	8～13	易自燃

2. 工作面生产参数

采空区煤自然氧化"三带"的划分受煤质、煤层赋存条件、开采方式、工作面配风、采空区遗煤量等关键参数的影响,同时也影响着采空区内 CO 的产生,如表 4-2 所列。

表 4-2　　　　　　　　　　工作面回采率、平均推进速度

观测工作面	平均回采率/%	平均推进速度/(m/d)	配风量/(m³/min)	采高/m
灵新煤矿 L1815 面	70	3.5	460	3
磁窑堡煤矿 W1714 面	85	5	421	3.5
枣泉煤矿 12207 面	70	5	600	2.2
羊场湾煤矿 Y162 面	80	5	850	3.5
羊场湾煤矿 Y110206 面	70	4.5	958	5.5
清水营煤矿 110204 面	95	4.0	828.43	
石槽村煤矿 $1102_2$05 面	95	4.8	849	
梅花井煤矿 $1106_1$06 面	90	9.5	1 008	
金凤煤矿 011805 面	95	6.1	807	
红柳煤矿 I010204 面	93	6.8	906	

3. 采空区浮煤厚度分布

采空区浮煤量是煤自燃的物质基础,根据煤自燃理论,如果要引起煤自然氧化现象的发生,采空区的遗煤厚度必须达到一定的浮煤厚度,因为采空区只有在存在大量堆积浮煤的条件下,才能与氧气发生煤氧复合作用,进而放出热量,一部分通过顶底板岩层传导散发热量和通过风流带走热量,另一部分则消耗于煤氧复合反应。因此,判断采空区煤自燃危险区域的过程中采空区浮煤厚度及分布规律则显得尤为重要。但是由于采空区浮煤厚度分布的复杂性和采空区的封闭性,目前还没找到准确测量浮煤厚度的方法,在研究的过程中,采用间接测算的方法,将采空区的浮煤理想化为两种状态(图 4-1),采空区两个平巷的浮煤厚度相同,采空区内浮煤厚度相等。

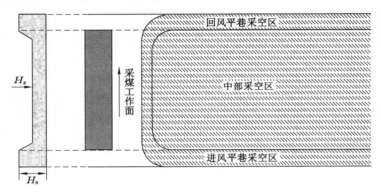

图 4-1　工作面采空区浮煤厚度等值线示意图

　　将进风、回风平巷采空区遗留浮煤厚度理想化为相同,则采空区两个平巷的浮煤厚度可按照下式进行计算:

$$H_s = \frac{H_d}{1-n} \tag{4-14}$$

式中　　H_s——采空区平巷浮煤厚度,m;

　　　　H_d——采空区平巷顶煤厚度,m;

　　　　n——采空区浮煤孔隙率,%。

　　将采空区中部遗留浮煤厚度理想化为厚度相同,则采空区中部浮煤厚度可按照下式进行计算:

$$H_z = \frac{H_c \times (1-\varphi) + H_d}{1-n} \tag{4-15}$$

式中　　H_z——采空区中部浮煤厚度,m;

　　　　H_c——工作面采煤厚度,m;

　　　　φ——工作面回采率,%。

　　以灵武矿区 5 个典型工作面的现场观测参数为依据,将各个工作面的煤层平均厚度、开采厚度、顶煤厚度、工作面开采煤量的回采率、采空区浮煤空隙率等参数分别代入式(4-14)和式(4-15)中,则可计算具体工作面回采期间采空区浮煤分布状况,工作面的基本开采参数及浮煤厚度具体见表4-3。

表4-3 典型工作面采空区浮煤分布参数

工作面	煤厚/m	采高/m	两道顶煤/m	回采率/%	孔隙率/%	采空区两道浮煤厚度/m	采空区中部浮煤厚度/m	平均浮煤厚度/m
灵新煤矿 L1815 综采面	3.1	3	1	70	20	1.125	0.75	
磁窑堡煤矿 W1714 综采面	2.8	2.6	—	90	20	0.7	0.3	
枣泉矿 12207 综放面	8.0	8	5	70	20	5	3	
羊场湾煤矿 Y162 综放面	10.35	3.5	3	80	20	8	4.6	
羊场湾煤矿 Y110206 大采高	6.97	5.5	1	70	20	4.3	2.6	
清水营煤矿 110204 综采面	3.80~5.40			95	20			0.71
石槽村煤矿 1102₂05 综采面	3.00			95	20			0.56
梅花井煤矿 1106₁06 综采面	4.50			95	20			0.5
金凤煤矿 011805 综采面	3.85			90	20			0.55
红柳煤矿 I010204 综采面	5.13~6.25			93	20			0.59

二、采空区煤自然氧化"三带"划分

1. 采空区浮煤自燃极限参数

根据能量守恒原理,采空区浮煤自然氧化放热量大于顶底板散热和风流带走的热量之和时,才能引起煤体自然升温,从而导致自燃,即采空区浮煤氧化放热能引起升温必须满足下式:

$$\mathrm{div}[\lambda_e \mathrm{grad}(T_m)] + q_0(T) - \mathrm{div}(n\rho_g c_g \vec{u} T_m) \geqslant 0 \qquad (4-16)$$

式中
ρ_g ——工作面风流密度,kg/m³;

c_g ——空气热容,J/(g·K);

x ——采空区内部距工作面的距离,m;

$q_0(T)$ ——实验测定煤的放热强度,kJ/(cm³·s);

λ_e ——浮煤导热系数,kJ/(m·s);

$\vec{u}$ ——采空区内漏风速度,m/s。

因此,采空区遗煤自燃必须要有足够的浮煤厚度,使浮煤氧化产生的热量得以积聚;要有足够的氧气浓度能使浮煤产生足够的氧化热以提供煤体升温所需热量;漏风强度不能过大,以免产生的热量让风流带走。

（1）采空区极限浮煤厚度

若把采空区浮煤看成是无限大平面通过岩体传导散热,漏风强度很小,认为是一维漏风,煤体内的温度近似认为均匀,则式(4-16)化为:

$$- \rho_g \cdot c_g \cdot \overline{Q} \cdot \frac{\partial T_m}{\partial x} + \lambda_e \frac{\partial^2 T_m}{\partial z^2} + q_0(\overline{T_m}) > 0 \qquad (4-17)$$

$$\frac{\partial^2 T_m}{\partial z^2} \approx -\frac{2 \times (T_m - T_y)}{(h/2)^2}, \frac{\partial T_m}{\partial x} \approx \frac{T_m - T_g}{x}, \overline{T_m} = \frac{1}{2}(T_m + T_y) \qquad (4-18)$$

式中　h——浮煤体厚度;

　　　T_m——煤体内最高温度;

　　　$\overline{T_m}$——煤体平均温度;

　　　T_y——岩层温度;

　　　T_g——风流温度;

　　　λ_e——松散煤体导热系数;

　　　$q_0(T_m)$——温度 T_m、氧气浓度 c_0 时的氧化放热强度;

　　　x——采空区距工作面的距离。

把式(4-18)代入式(4-17),化简得煤体升温的必要条件为:

$$h > \sqrt{\frac{8 \times (T_m - T_y) \cdot \lambda_e}{q_0(\overline{T_m}) - \rho_g \cdot c_g \cdot \overline{Q} \cdot (T_m - T_g)/x}} = h_{min} \qquad (4-19)$$

即当浮煤厚度 $h < h_{min}$ 时,松散煤体不能引起自然升温。从式(4-19)可以看出:h_{min} 随煤温、漏风强度、工作面的距离三个参数而变化,则可计算不同煤体温度和漏风量时的极限浮煤厚度。

（2）采空区极限氧气浓度

氧化放热强度 $q(T_m)$ 与氧气浓度成正比,即

$$q(T_m) = \frac{c_{O_2}}{c_{O_2}^0} q_0(T_m) \qquad (4-20)$$

式中　$q(T_m)$——氧气浓度为 c_{O_2} 时的放热强度;

　　　$q_0(T_m)$——氧气浓度为 $c_{O_2}^0$ 时的放热强度;

　　　$c_{O_2}^0$——新鲜风流中的氧气浓度;

　　　c_{O_2}——实际氧气浓度。

把式(4-20)代入式(4-16)得:

$$c_{O_2} > \frac{-c_{O_2}^0}{q_0(\overline{T_m})}[\mathrm{div}(\lambda_e \mathrm{grad} T_m) - \mathrm{div}(\rho_g c_g \overline{Q} T_m)] = c_{min} \qquad (4-21)$$

也就是当 $c \leqslant c_{min}$ 时煤体氧化产生的热量小于散发的热量,煤体不可能升温。

将采空区简化为无限大平板的一维传热,则式(4-21)可化为

$$c_{min} = \frac{c_{O_2}^0}{q_0(\overline{T}_m)}\Big[\frac{8 \times \lambda_e(T_m - T_y)}{h^2} + \rho_g c_g \overline{Q} \cdot \frac{2 \times (T_m - T_g)}{x}\Big] \qquad (4-22)$$

式中　h——采空区浮煤厚度，m。

从式(4-22)可以看出，c_{min}随煤温、漏风强度、工作面距离和浮煤厚度4个参数变化，忽略风流焓变散热时，可得出不同浮煤厚度和煤体温度时的下限氧气浓度。

（3）采空区上限漏风强度

当采空区浮煤厚度大于h_{min}，又有足够的氧气浓度，且风流为一维流动，流速是个常数，则式(4-17)化为

$$\lambda_e \frac{\partial^2 T_m}{\partial z^2} + q_0(\overline{T}_m) - \rho_g c_g \overline{Q} \frac{\partial T_m}{\partial x} > 0 \qquad (4-23)$$

则

$$\overline{Q} < \frac{q_0(\overline{T}_m)}{\rho_g c_g \frac{\partial T_m}{\partial x}} + \frac{\lambda_m \frac{\partial^2 T_m}{\partial z^2}}{\rho_g c_g \frac{\partial T_m}{\partial x}} = \overline{Q}_{max} \qquad (4-24)$$

即

$$\overline{Q}_{max} = x \cdot \frac{q_0(\overline{T}_m) - 8\lambda_e(T_m - T_y)/h^2}{\rho_g \cdot c_g \cdot (T_m - T_g)} \qquad (4-25)$$

当漏风强度$\overline{Q} \geqslant \overline{Q}_{max}$时，煤体就不可能引起自然升温。从式(4-25)可以看出，$\overline{Q}_{max}$随煤温、工作面距离、浮煤厚度三个参数变化，则可计算出不同浮煤厚度和煤体温度时的上限漏风强度。

2. 采空区遗煤自燃危险区域判定条件

在实际条件下，采空区遗煤自燃的必要条件为：

$$(h > h_{min}) \bigcap (c_{O_2} > c_{min}) \bigcap (\overline{Q} < \overline{Q}_{max}) \qquad (4-26)$$

式中　$\overline{Q}_{max}$——引起煤自燃的上限漏风强度，m/s。

也就是采空区满足式(4-26)的区域方有可能发生自燃，但由于工作面推进，采空区某固定点的实际条件在发生变化，故该式还不是自燃的充分条件。采空区大量的浮煤由于漏风状态、氧气浓度分布状态和煤体温度的变化，自燃条件也发生变化，采空区的高温区域是一个动态变化的区域。

满足式(4-26)的区域浮煤要自燃还需具备足够的时间维持该区域的条件不变，即维持时间必须达到：

$$\tau > \tau_{min} \qquad (4-27)$$

式中　τ_{min}——浮煤的最短发火期，d。

也就是工作面的推进速度v小于工作面散热带到采空区窒熄带的最大距离$L_{max} = \max\{L\}$和浮煤最短自然发火期τ_{min}之商时，就有可能发生自燃，即：

$$v < \left(v_{\min} = \frac{L_{\max}}{\tau_{\min}} \right) \tag{4-28}$$

式中 $v_{\min}$ ——工作面极限推进速度,m/d;

$L_{\max}$ ——工作面氧化升温带最大宽度,m。

因此,采空区遗煤引起自燃的充要条件是:

$$(h > h_{\min}) \bigcap (c_{O_2} > c_{\min}) \bigcap (\overline{Q} < \overline{Q}_{\max}) \bigcap (v < v_{\min}) \tag{4-29}$$

采空区煤自燃"三带",即散热带、氧化升温带和窒熄带。在散热带,由于漏风速度较大,煤体表面对流换热量很大,此时尽管煤氧化放出大量的热,但煤氧化放出的热量很快被带走,因而煤温不会升高,不会发生自燃;窒熄带内氧气浓度较低,煤氧化速度很慢,煤温也不会升高;只有在氧化升温带内,氧气浓度较高,漏风强度也较小,因而煤氧化放出的热量能够使温度上升。因而"三带"划分的依据为:

散热带:

$$\overline{Q} > \overline{Q}_{\max} \tag{4-30}$$

窒熄带:

$$c_{O_2} < c_{\min} \tag{4-31}$$

氧化升温带:

$$(h > h_{\min}) \bigcap (c_{O_2} > c_{\min}) \bigcap (\overline{Q} < \overline{Q}_{\max}) \tag{4-32}$$

3. 采空区自燃危险区域划分方法和步骤

采空区自燃危险区域划分方法和步骤如下:

(1) 根据实际条件,确定出采空区浮煤厚度分布等值线及厚度分布图。

(2) 根据工作面压力分布、采空区"两道"压力分布及氧气浓度分布,模拟出采空区漏风强度和氧气浓度分布,画出其等值线平面图。

(3) 现场实测空气温度(T_g)和岩石温度(T_y)值和漏风强度等,实验测定煤不同温度下的氧化放热强度 $q_0(T)$,运用极限参数计算公式可计算出不同浮煤厚度、不同煤温 T_m 和不同距离 x 时的三维极值 $h_{\min}(T_i, \overline{Q_j}, \overline{x})$,$c_{\min}(T_i, h_j, x_k, \overline{Q_k})$ 和 $\overline{Q}_{\max}(T_i, h_j, x)$ 值,根据计算出的三维值取其某一温度的极大值,即:

$$\begin{cases} h_{\min}(\overline{Q_i}) = \max[h_{\min}(T_1, x_1, \overline{Q_i}), h_{\min}(T_2, x_2, \overline{Q_i}), \cdots, h_{\min}(T_i, x_i, \overline{Q_i}) \cdots] \\ c_{\min}(h_i) = \max[c_{\min}(T_i, x_1, h_1, \overline{Q_1}), c_{\min}(T_i, x_2, h_2, \overline{Q_2}), \cdots, c_{\min}(T_i, x_i, h_i, \overline{Q_i}) \cdots] \\ \overline{Q}_{\max}(h_i) = \min[\overline{Q}_{\max}(T_i, x_1, h_1), \overline{Q}_{\max}(T_i, x_2, h_2), \cdots, \overline{Q}_{\max}(T_i, x_i, h_i) \cdots] \end{cases}$$

$$\tag{4-33}$$

(4) 将采空区浮煤厚度等值线平面图、氧气浓度分布等值线平面图和漏风强度分布等值线平面图绘在一起,把 $h = h_{\min}(\overline{Q_i})$、$c = c_{\min}(T_i)$、$\overline{Q} = \overline{Q}_{\max}(T_i)$ 的等值线在图上标出,则可知采空区散热区、氧化升温区和窒熄区三大区域,并可得到氧化升温区的宽度 L_x，则可得到采空区"三带"分布示意图。如图 4-2 所示。

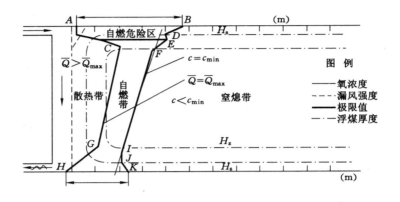

图 4-2　采空区"三带"分布示意图

（5）根据采空区氧化升温区的宽度 L_x，得出最大氧化升温区宽度 $L_{max} = \max\{L\}$，并按式（4-28）计算出工作面极限推进速度 v_{min}，然后根据实际推进速度 v 是否大于极限推进速度 v_{min}，确定采空区是否有自燃危险性。再根据工作面推进速度和最短自然发火期计算出能引起自燃的氧化升温带最小宽度 $L_{x\,min} = v \cdot \tau_{min}$，即可知采空区自燃危险区域，$L_x > L_{x\,min}$。

4. 不同工作面煤自然氧化"三带"划分

通过对灵武矿区灵新煤矿 L1815 综采面、磁窑堡煤矿 W1714 综采面、枣泉煤矿 12207 综放面、羊场湾煤矿 Y162 综放面、羊场湾煤矿 Y110206 大采高工作面、清水营煤矿 110204 综采面、石槽村煤矿 1102_205 综采面、梅花井煤矿 1106_106 综采面、金凤煤矿 011805 综采面、红柳煤矿 I010204 综采面 10 个工作面进行采空区"三带"观测，结合煤自然发火实验测得的极限参数，可以得到采空区浮煤厚度分布、氧气浓度和漏风强度分布，然后将采空区内下限氧气浓度 c_{min}、上限漏风强度 $\overline{Q}_{max}$ 绘制成等值线，即得到采空区自然氧化"三带"分布图。上限漏风强度的曲线对应散热带和氧化升温带的边界，下限氧浓度的等值线对应窒熄带和氧化升温带的边界。图中氧浓度为 c_{min} 和漏风强度为 $\overline{Q}_{max}$ 的点对应的水平距离即为氧化升温带宽度，根据现场观测参数及煤自燃实验参数对以上参数进行计算，便会得到各个工作面的采空区"三带"的基本参数分布，最终得到灵武矿区不同煤层在不同开采方式下的采空区"三带"的具体参数，如表 4-4 所列，对应的位置见图 4-2。

表 4-4　　　　　　　　　　　典型煤矿采空区自燃"三带"划分表

测定地点及开采方式	划分区段	散热带/m	自燃带/m	窒熄带/m
灵新煤矿 L1815 综采面	采空区胶带运输巷	0～23	23～138	＞138
	采空区中部	0～35	30～100	＞100
	采空区轨道运输巷	0～10	10～115	＞115
磁窑堡煤矿 W1714 综采面	采空区胶带运输巷	0～22	22～130	＞130
	采空区中部	0～35	20～100	＞100
	采空区轨道运输巷	0～10	10～100	＞100
枣泉煤矿 12207 综放面	采空区胶带运输巷	0～20	20～150	＞150
	采空区中部	0～25	15～120	＞120
	采空区轨道运输巷	0～10	10～100	＞100
羊场湾煤矿 Y162 综放面	采空区胶带运输巷	0～15	15～140	＞140
	采空区中部	0～30	20～120	＞120
	采空区轨道运输巷	0～8	8～125	＞125
羊场湾煤矿 Y110206 大采高工作面	采空区胶带运输巷	0～20	20～165	＞165
	采空区中部	0～35	35～135	＞135
	采空区轨道运输巷	0～12	12～145	＞155
石槽村煤矿 $1102_2 05$ 综采面	采空区胶带运输巷	0～22	22～63	＞63
	采空区轨道运输巷	0～8	8～34	＞34
清水营煤矿 110204 综采面	采空区胶带运输巷	0～25	25～63	＞63
	采空区轨道运输巷	0～5	5～20	＞20
梅花井煤矿 $1106_1 06$ 综采面	采空区胶带运输巷	0～45	45～80	＞80
	采空区轨道运输巷	0～30	30～125	＞125
红柳煤矿 I010204 综采面	采空区胶带运输巷	0～21	21～83	＞83
	采空区轨道运输巷	0～10	10～35	＞35
金凤煤矿 011805 综采面 沿空留巷	采空区胶带运输巷	0～16	＞16	无
	采空区中部	0～26	26～145	＞145
	采空区轨道运输巷	0～5	5～45	＞45

分析表 4-4 可以得到以下结论：

（1）不同工作面采空区散热带分布特点

从表 4-4 可以看出，10 个工作面胶带运输巷采空区散热带的深度范围为 0～45 m，其中最大深度的是梅花井煤矿 $1106_1 06$ 综采面采空区，最小深度的是羊场湾煤矿 Y162 综放面采空区；采空区中部散热带的深度范围为 0～35 m，最小深度的是枣泉煤矿 12207 综放面采空区;轨道运输巷采空区散热带的深度范围为 0~30 m,最大深度的是梅花井煤矿 1106_106 综采面采空区,最小深度的是清水营煤矿 110204 综采面、金凤煤矿 011805 综采面采空区。对同一工作面进行分析,中部采空区的散热带范围最大,进风侧次之,回风侧最小。针对不同的工作面进行比较发现综放面的散热带范围最小,大采高开采散热带范围最大,综采面再次之。

（2）不同工作面自燃带分布特点

如表 4-4 所列,10 个不同工作面的自燃带宽度为 5~165 m,变化相当大。其中胶带运输巷自燃带的宽度范围在 15~165 m,范围最大的是羊场湾煤矿 Y110206 大采高工作面,范围最小的是磁窑堡煤矿 W1714 综采面;采空区中部自燃带的范围在 15~145 m,范围最大的是金凤煤矿 011805 综采面,范围最小的是灵新煤矿 L1815 综采面;采空区轨道运输巷自燃带的范围在 5~145 m,范围最大的是羊场湾煤矿 Y110206 大采高,范围最小的是清水营煤矿 110204 综采面。对同一工作面进行分析,采空区胶带运输巷的自燃带范围最大,回风侧次之,采空区中部最小。针对不同的工作面进行比较发现综采面采空区自燃带范围最小,大采高开采自燃带范围最大,综放面居中。

（3）不同工作面窒熄带分布特点

如表 4-4 所列,10 个不同工作面的窒熄带深度范围在 20~165 m 以内,变化范围相差较大。其中胶带运输巷窒熄带的深度在 63~165 m 以内,深度最大的是 Y110206 大采高工作面,范围最小的是石槽村煤矿 1102_205 综采面、清水营煤矿 110204 综采面;采空区中部窒熄带的深度在 100~145 m 以内,深度最大的是金凤煤矿 011805 综采面,深度最小的是灵新煤矿 L1815 综采面和磁窑堡煤矿 W1714 综采面;采空区轨道运输巷窒熄带的深度在 20~155 m,深度最大的是羊场湾煤矿 Y110206 大采高,深度最小的是清水营煤矿 110204 综采面。对同一工作面进行分析,采空区胶带运输巷的窒熄带深度最大,回风侧次之,采空区中部最小。针对不同开采方式的工作面采空区内窒熄带深度进行比较,表明综采面采空区窒熄带深度最小,综采面沿空留巷窒熄带深度最大,大采高工作面开采窒熄带深度次之,综放面再次之。

综上分析可以对不同开采方式条件下采空区内的自燃可能性进行比较,针对同一工作面,采空区两道是煤自燃防治的重点部位,对于不同开采方式的工作面,大采高工作面开采采空区漏风最为严重,综放面次之,综采面最小,具体的发火可能性还要根据推进速度进行综合分析。

5. 最小安全推进速度

随着工作面推进,采空区内"三带"存在着动态变化。原散热带逐步移动到氧化升温带,原氧化升温带移动到窒熄带。由于氧化升温带最宽处在工作面推进过程中处于氧化升温带的时间最长,一旦工作面推进速度过慢,使采空区某一区域处于氧化升温带的时间超过了其实际条件下的自然发火期,就可能发生自燃。因此,根据氧化升温带的最大宽度,可以确定工作面的最小安全推进速度: $v_{min} = L_{max}/(\tau \cdot k)$。通过对不同工作面大采高的观测分析,采空区氧化升温带为 L_{max},$k = 1.2$,同时结合煤自燃特性参数实验,可得初时温度为 35 ℃时的实验最短自然发火期 τ_{min},则得到工作面最小安全推进速度 v_{min}(表 4-5)。

表 4-5 典型工作面最小安全推进速度

煤矿名称	开采方式	平均推进速度/(m/d)	最小安全推进速度/(m/d)
灵新煤矿 L1815 工作面	综采面	3.5	2.9
磁窑堡煤矿 W1714 工作面	综采面	5.0	3.2
枣泉煤矿 12207 工作面	综放面	5.0	3.0
羊场湾煤矿 Y162 工作面	综放面	5.0	3.0
羊场湾煤矿 Y110206 工作面	大采高	4.5	4.0
石槽村煤矿 1102$_2$05 工作面	综采面	4.8	1.8
清水营煤矿 110204 工作面	综采面	4.0	2.1
红柳煤矿 I010204 工作面	综采面	6.8	3.5
梅花井煤矿 1106$_1$06 工作面	综采面	9.5	6.1
金凤煤矿 011805 工作面	综采面	6.1	3.6

工作面在正常推进速度下,只要工作面推进度大于最小安全推进速度,CO 浓度趋于稳定,则认为采空区内煤自然氧化程度可以接受,一旦工作面推进速度小于安全推进速度,CO 浓度趋于上升,则认为采空区内具有煤自然氧化升温的隐患。

第三节 典型工作面一氧化碳安全指标计算案例

一、工作面 CO 计算基本参数

为了验证工作面回风隅角 CO 浓度安全指标计算模型的实用性,在灵武矿区选取了不同开采方式的多个工作面进行回风隅角 CO 浓度指标的实际计算,综采面选取灵新煤矿 L1815 工作面、清水营煤矿 110205 工作面等多个工作面,综放面选取羊场湾煤矿 Y162 工作面,大采高面选择羊场湾煤矿 110106 工作面进行实际计算。首先对不同工作面开采基本工艺参数,包括工作面长度、配风量、开采厚度、回采率、采空区漏风量进行观测,进行整理,如表 4-6 所列。根据相应工作面采空区煤自然氧化"三带"观测结果,分析了不同工作面不同开采条件下的氧化带和散热带的宽度,应用过程中选用最大的值进行计算,如表 4-7 所列。并根据相应煤样的自然发火模拟实验结果,记录不同温度下的 CO 产生率,为了能够反映采空区煤自然氧化的不同程度,本书在计算的过程中主要选择了煤自然氧化在常温条件下、临界温度时对应的 CO 产生率,如表 4-8 所列,作为工作面回风隅角不同特征温度时 CO 浓度计算的基本参数。将上述参数分别代入公式(4-2)进行计算,最终得到各个不同煤层、不同工作面的回风隅角 CO 气体安全指标、临界指标等。通过这些指标值可知,灵武矿区典型工作面回风隅角 CO 浓度预测计算值与现场实际观测值基本吻合。

表 4-6 典型开采工作面开采参数

工作面名称	开采方式	工作面长度/m	工作面配风量/(m³/min)	开采厚度/m	推进速度/(m/d)	回采率/%	漏风量/(m³/min)
灵新煤矿 L1815 面	综采	277	600	3.1	4	70	60
羊场湾煤矿 Y162 面	综放	300	830	10.35	5	80	83
羊场湾煤矿 110106 面	大采高	240	1 000	7.2	16	70	100
清水营煤矿 110205 面	综采	283	957	4.8	7	93	29
石槽村煤矿 210602 面	综采	292	1 225	3.5	3.2	93	12
石槽村煤矿 1102₀7 面	综采	297	849	2.6	3.2	95	9
梅花井煤矿 1106₁06 面	综采	217	1 008	3.6	9.5	95	61
红柳煤矿 I010204 面	综采	303.5	906	5.56	6.8	93	27
金凤煤矿 011805 面	综采	289	807	3.85	5.4	90	121
双马煤矿 I0104₁03 面	综采	274	1 100	3.85	6	93	55

表 4-7 不同开采方式下采空区煤自然氧化带范围

工作面开采方式	开采煤层	进风侧氧化带/m	回风侧氧化带/m	中部氧化带/m
大采高(6.2 m)工作面	2#	20～165	12～145	35～135
一般综采(3 m)工作面	15#	22～138	10～115	20～100
综放工作面	2#	20～150	10～100	15～120

表 4-8 灵武矿区典型开采煤层不同自燃程度时 CO 产生率

煤自燃程度	2# 煤层		16# 煤层	
	温度范围/℃	CO 产生率/[mol/(cm³·s)]	温度范围/℃	CO 产生率/[mol/(cm³·s)]
常温条件	18～28	0.021×10^{-11}	18～28	$0.003\,4 \times 10^{-11}$
临界温度	50～65	0.054×10^{-11}	50～60	$0.012\,0 \times 10^{-11}$
超过临界温度	≥65	$\geq 0.234 \times 10^{-11}$	≥78	$\geq 0.152\,9 \times 10^{-11}$

以羊场湾煤矿 Y162 面为例代入式(4-13)进行计算,氧化带遗煤氧化修正系数 α 取 0.3,散热带遗煤氧化修正系数 β 取 0.9,氧化带宽度 $Z_1 = 120$ m,散热带宽度 $Z_2 = 15$ m,工作面长度 $L = 300$ m,煤层厚度 $H = 10.35$ m,回采率 $\varphi = 80\%$,CO 产生率 $\delta_{CO}(T) = 0.021 \times 10^{-11}$ mol/(cm³·s),漏风量 $Q_漏 = \eta Q = 83$ m³/min,将数据代入公式中可得回风隅角 CO 浓度:

$$c_{CO} = \frac{(\alpha Z_1 + \beta Z_2)LH(1-\varphi)\delta_{CO}(T)}{\eta Q}$$

$$= \frac{(0.3 \times 120 + 0.9 \times 15) \times 300 \times 10.35 \times (1 - 80\%) \times 0.021 \times 10^{-11}}{83} \times 60 \times 22.4 \times 10^3$$

$$= 0.010\ 5\%$$

同理,将其他工作面的数据代入式(4-13)可以得到相应的工作面回风隅角 CO 浓度。

二、回风隅角 CO 浓度安全指标值

一般条件下,认为回风隅角常温条件 CO 的产生量为安全指标,则可将常温条件下各个计算参数从以上相关表格中查找,并代入式(4-13),则可以得到不同开采方式下回风隅角的 CO 安全浓度值(煤自燃角度分析),计算结果如表 4-9 所列,通过对计算浓度和现场实际测试的浓度进行比较发现其误差较小。

三、不同氧化程度 CO 浓度安全指标计算

同样根据式(4-13)可以将不同温度阶段 CO 的产生率代入进行计算,结合工作面的基本参数、对应的煤层采空区遗煤"三带"划分结果、不同煤样不同自燃程度时的 CO 产生率,则可以计算出不同特征温度时的 CO 指标,可以建立煤自然氧化不同阶段的定量气体指标。

从表 4-10 可以看出,当羊场湾煤矿大采高工作面正常开采时,工作面回风隅角 CO 浓度小于 0.011%,当 CO 浓度值达到 0.03% 时,说明采空区遗煤已经开始氧化,并达到临界温度,采空区遗煤温度会急速上升,CO 值会在短时间内达到 0.124 8%,说明采空区遗煤的温度将超过临界最高温度。该指标值可以阐明羊场湾煤矿大采高工作面正常开采时,工作面回风隅角 CO 浓度一直稳定在 0.01% 左右,但是没有发生煤自然氧化的现象,但是当浓度超过极限值 0.01% 的 2~3 倍时,可预报采空区煤体具有氧化自燃现象并出现高温区,当回风隅角 CO 浓度值超过 0.387%,温度会超过临界最高温度。

同理可以分别对灵武矿区综采工作面、综放工作面的 CO 安全指标值,临界温度以及超过临界温度阶段时的 CO 实验临界指标进行计算,具体指标如表 4-10~表 4-20 所列,通过不同温度阶段 CO 的预测值,可以对采空区内煤自燃程度进行定性的分析。

表 4-9　工作面回风隅角 CO 浓度测算值与实际值比较

工作面名称	开采方式	工作面长度/m	工作面配风量/(m³/min)	开采厚度/m	推进速度/(m/d)	回采率/%	漏风量/(m³/min)	采空区氧化带深度/m	CO产生率/[mol/(cm³·s)]	氧化带遗煤氧化修正系数 α	散热带遗煤氧化修正系数 β	回风隅角CO浓度测算值/%	回风隅角CO浓度观测值/%
灵新煤矿 L1815 面	综采	277	600	3.1	4	70	60	138	$0.003\,4\times10^{-11}$	0.5	1	0.008 5	0.006~0.008
羊场湾煤矿 Y162 面	综放	300	830	10.35	5	80	83	120	0.021×10^{-11}	0.3	0.9	0.010 5	0.009~0.012
羊场湾煤矿 110106 面	大采高	240	1 000	7.2	16	70	100	138	0.021×10^{-11}	0.4	0.9	0.010 5	0.009~0.011
清水营煤矿 110205 面	综放	283	957	4.8	7	93	29	63	0.035×10^{-11}	0.5	0.9	0.008 5	0.006~0.008 5
石槽村煤矿 210602 面	综放	292	1 225	3.5	3.2	93	12	63	0.026×10^{-11}	0.5	1	0.008 9	0.003 5~0.008 5
石槽村煤矿 1102.07 面	综放	297	849	2.6	3.2	95	9	63	0.023×10^{-11}	0.5	1	0.008 8	0.008~0.01
梅花井煤矿 1106.06 面	综放	217	1 008	3.6	9.5	95	61	125	0.076×10^{-11}	0.5	1	0.009 7	0.009~0.011
红柳煤矿 I010204 面	综放	303.5	906	5.56	6.8	93	27	83	0.023×10^{-11}	0.5	0.9	0.009 2	0.007~0.009
金凤煤矿 011805 面	综放	289	807	3.85	5.4	90	121	145	0.057×10^{-11}	0.4	0.9	0.007 3	0.006~0.008
双马煤矿 I0104,03 面	综放	274	1 100	3.85	6	93	55	129	0.056×10^{-11}	0.4	0.9	0.007 6	0.006~0.009

表 4-10　　　　　羊场湾煤矿 Y110106 大采高面采空区遗煤
不同自燃程度时回风隅角 CO 指标值

煤自燃程度	温度范围/℃	CO 产生率/[mol/(cm³·s)]	CO 预测值/%
常温条件	18～28	0.021×10^{-11}	0.010 5
临界温度时	50～65	0.054×10^{-11}	0.03
超过临界温度段	≥65	$\geq 0.234 \times 10^{-11}$	0.125

表 4-11　　　　　灵新煤矿 L1815 综采面采空区遗煤不同
自燃程度时回风隅角 CO 指标值

煤自燃程度	温度范围/℃	CO 产生率/[mol/(cm³·s)]	CO 预测值/%
常温条件	18～28	$0.003 4 \times 10^{-11}$	0.008 5
临界温度时	50～60	$0.012 0 \times 10^{-11}$	0.030 5
超过临界温度段	≥78	$\geq 0.152 9 \times 10^{-11}$	0.387

表 4-12　　　　　羊场湾煤矿 Y162 综放面采空区遗煤不同
自燃程度时回风隅角 CO 指标值

煤自燃程度	温度范围/℃	CO 产生率/[mol/(cm³·s)]	CO 预测值/%
常温条件	18～28	0.021×10^{-11}	0.011
临界温度时	50～65	0.054×10^{-11}	0.03
超过临界温度段	≥65	$\geq 0.234 \times 10^{-11}$	0.128

表 4-13　　　　　清水营煤矿 110205 综采面采空区遗煤不同
自燃程度时上隅角 CO 指标值

煤自燃程度	温度范围/℃	CO 产生率/[mol/(cm³·s)]	CO 预测值/%
常温条件	18～30	0.035×10^{-11}	0.008 5
临界温度时	65～75	0.146×10^{-11}	0.035 2
超过临界温度段	≥75	$\geq 0.748 \times 10^{-11}$	0.180 5

表 4-14　　石槽村煤矿 210602 综采面采空区遗煤不同自燃程度时上隅角 CO 指标值

煤自燃程度	温度范围/℃	CO 产生率/[mol/(cm³·s)]	CO 预测值/%
常温条件	18～30	0.026×10^{-11}	0.008 9
临界温度时	70～80	0.106×10^{-11}	0.036 1
超过临界温度段	≥80	$\geq 0.568 \times 10^{-11}$	0.193 3

表 4-15　　石槽村煤矿 $1102_2 07$ 综采面采空区遗煤不同自燃程度时上隅角 CO 指标值

煤自燃程度	温度范围/℃	CO 产生率/[mol/(cm³·s)]	CO 预测值/%
常温条件	18～30	$0.023×10^{-11}$	0.008 8
临界温度时	70～80	$0.096×10^{-11}$	0.036 7
超过临界温度段	≥80	$≥0.510×10^{-11}$	0.195 1

表 4-16　　梅花井煤矿 $1106_1 06$ 综采面采空区遗煤不同自燃程度时上隅角 CO 指标值

煤自燃程度	温度范围/℃	CO 产生率/[mol/(cm³·s)]	CO 预测值/%
常温条件	18～30	$0.076×10^{-11}$	0.009 7
临界温度时	40～50	$0.284×10^{-11}$	0.036 4
超过临界温度段	≥50	$≥1.519×10^{-11}$	0.194 6

表 4-17　　红柳煤矿 I010204 综采面采空区遗煤不同自燃程度时上隅角 CO 指标值

煤自燃程度	温度范围/℃	CO 产生率/[mol/(cm³·s)]	CO 预测值/%
常温条件	18～30	$0.023×10^{-11}$	0.009 2
临界温度时	60～70	$0.091×10^{-11}$	0.036 6
超过临界温度段	≥70	$≥0.491×10^{-11}$	0.197 4

表 4-18　　金凤煤矿 011805 综采面采空区遗煤不同自燃程度时上隅角 CO 指标值

煤自燃程度	温度范围/℃	CO 产生率/[mol/(cm³·s)]	CO 预测值/%
常温条件	18～30	$0.057×10^{-11}$	0.007 3
临界温度时	55～60	$0.247×10^{-11}$	0.031 5
超过临界温度段	≥60	$≥1.030×10^{-11}$	0.131 3

表 4-19　　双马煤矿 $I0104_1 03$ 综采面采空区遗煤不同自燃程度时上隅角 CO 指标值

煤自燃程度	温度范围/℃	CO 产生率/[mol/(cm³·s)]	CO 预测值/%
常温条件	18～30	$0.056×10^{-11}$	0.007 6
临界温度时	55～60	$0.239×10^{-11}$	0.032 6
超过临界温度段	≥60	$≥1.020×10^{-11}$	0.139 3

表 4-20　　麦垛山煤矿 130602 综采面采空区遗煤不同自燃程度时上隅角 CO 指标值

煤自燃程度	温度范围/℃	CO 产生率/[mol/(cm³·s)]	CO 预测值/%
常温条件	18～30	$0.092×10^{-11}$	0.009 2
临界温度时	40～50	$0.358×10^{-11}$	0.035 7
超过临界温度段	≥50	$≥1.847×10^{-11}$	0.184 4

本 章 小 结

通过现场采空区的气体观测参数,结合煤层氧化实验结果,利用煤自燃极限参数(采空区极限浮煤厚度、采空区极限氧气浓度及上限漏风强度)判定了采空区遗煤自然氧化区域,确定了不同开采方式工作面采空区煤自然氧化 CO 产生区域特征,大采高采空区的氧化带宽度范围为 100~145 m,综放工作面采空区氧化带宽度范围为 90~130 m,综采工作面采空区氧化带宽度范围为 90~115 m。

根据工作面 CO 来源、影响因素分析,结合工作面的开采设计参数、采空区煤氧化的危险程度区域,通过理论推导和分析,建立工作面回风隅角 CO 浓度可计算数学模型,并利用该模型计算了不同煤层、不同开采方式条件下回风隅角 CO 浓度的安全临界指标,大采高工作面回风隅角 CO 安全临界指标为 0.011%,综放工作面回风隅角 CO 安全临界指标为 0.011 5%,综采工作面回风隅角 CO 安全临界指标为 0.009%。并通过计算临界温度前后的 CO 浓度指标值,发现当 CO 浓度值为安全临界指标值的 2~3 倍时,采空区内的高温点即可达到临界温度以上。

第五章 采空区一氧化碳超限
防控方法与应用

宁夏灵武矿区、鸳鸯湖矿区高产高效矿井主要开采煤层为 2# 煤层,该煤层倾角(15°～20°)较大,平均倾角 18°,走向大起伏 8°～12°,节理裂隙发育,硬度系数 1～2,韧性大,侧压大,2# 煤层为低灰、低硫、低～特低磷、发热量较高的不黏结煤,属易自燃煤层,煤层最短自然发火期 23 d,煤层的着火温度平均值小于 305 ℃,最大值 331 ℃。主要采用综放及大采高开采工艺,大采高采煤高度范围为 4.2～6.2 m,采空区两道遗煤较多并受其他地质条件的影响,使得煤自燃隐患成为该矿区生产过程中的最大安全隐患之一。如羊场湾煤矿二分区某综放工作面于 2007 年 1 月 17 日、4 月 17 日,先后出现了两次一氧化碳超限事故;2009 年 8 月某大采高工作面停采准备撤面时支架后出现煤自燃高温点而被迫封闭,注氮 2 个月后进行启封,打开后一天内又因 CO 浓度急剧上升而使工作面再次被封闭;2008 年 9 月 1 日羊场湾煤矿一分区某大采高工作面因自然发火被封闭 22 d,2009 年 12 月 24 日枣泉煤矿 12206 工作面在撤面期间因煤自燃高温点影响被迫停止撤面工作。

第一节 采空区一氧化碳防控难点及技术思路

一、采空区的 CO 产生特点

灵武矿区高产高效矿井多以大采高及综放方式进行开采,在开采过程中造成煤自燃的影响因素较为复杂和多样,根据煤自燃机理、自燃隐患事故发生过程分析,并结合现场生产实际条件将灵武矿区特厚易自燃煤层大采高、综放工作面回采期间的 CO 浓度超限的影响因素归结为如下几点:

(1) 灵武矿区 2# 煤层为极易自燃煤层。

(2) 由于 2# 煤层顶板较破碎,因此在大采高和综放开采过程中,都留有一定的顶煤,造成采空区内遗留大量浮煤的现象,尤其是在上下两道内浮煤更多,为煤自燃的发生提供了条件。

(3) 由于大采高、综放工作面采空区冒落高度与面积增大,工作面配风量大,地面漏风严重,严重增加了采空区的漏风量,而且深度在 160 m 才能达到窒熄带。

(4) 灵武矿区大采高、综放工作面设计倾向长度较大,造成工作面生产设备体积大,数量多,导致工作面推进速度慢。

(5) 工作面回收前,需要对煤层顶板进行挂网处理,因此降低了工作面的正常推进速度,加大了采空区浮煤处于氧化带的周期。

(6) 工作面回采期间一旦发生煤自燃火灾,要想彻底进行治理,必须进行火区准确定位、有效地降低火区热量及隔绝漏风通道的综合措施,而对于封闭的火区以上措施实施难度较大,因此增加了火区安全启封的难度。

二、采空区 CO 防控思路

1. 技术原理

根据灵武矿区煤氧化生成 CO 的特点及规律,必须在常温开采条件下采取控氧措施降低采空区的漏风量,从而预防和控制 CO 的出现。灵武矿区高产高效开采方式的生产模式决定了只能从人为能够控制的角度出发,通过控氧(封闭、减漏风、惰化)、控温(低温或水系灭火材料)和控时间(动态和静态)三个方面着手对采空区 CO 进行防控。

煤火灾害治理的主导思想是降温控氧,即:对于已形成的高温和隐患区域,必须采取以降温控氧为主的防灭火技术手段,否则极易复燃,CO 气体浓度反弹严重。

煤层自然发火预防的主导思想是降氧控温,即:以堵漏技术为主,降温技术为辅,动态地改变可能自燃区域煤体的漏风供氧环境,阻止煤体长时间氧化升温。

煤火防控和治理属隐蔽工程,因此需通过钻孔灌注防灭火材料来实现煤火灾害的防控和治理,其难点在于:位置和程度难判断;松散煤体内钻孔施工难度大。

2. 技术方法

矿井煤层自然氧化产生 CO 的防治方法和手段很多,按其作用原理归纳起来主要有 4 大类。

第 1 类:控氧为主。主要有封闭、喷涂或充填堵漏、均压、注惰气等。

第 2 类:控温为主。主要有灌浆、注水、喷洒阻化剂等。

第 3 类:既控氧又控温。主要有液氮、液态 CO_2、胶体、惰气泡沫等。

第 4 类:控时间。动态地改变漏风供氧环境,阻止煤体长时间氧化升温。

上述方法应用于现场实际的根本出发点在于如何提高其应用效率,同时考虑其作用范围和时间。

防灭火材料:气、液、固或其相互组合。

防灭火效果：目的、单孔作用范围、作用时间。

应用工艺：简单、易操作、符合现场实际情况。

现场应用：材料、装备和工艺的完美匹配。

第二节　采空区一氧化碳防控方法

一、煤低温氧化产生 CO 的阻化材料性能实验

根据灵武矿区灭火体系平台，针对工作面回收撤面期间不同的发火情况，研究了适用于该矿区的高分子胶体和黄土复合胶体材料，通过对开采煤层煤样进行胶体堵漏效果、阻化性能和灭火性能测试，确定了该矿区主要采用黄土复合胶体[由胶凝剂（FCJ12）、黄土和水按比例混合而成]和高分子胶体（MCJ12 灭火剂和水混合而成）两种胶体进行煤自燃预防及控制。该类材料以水作为溶剂，能够起到很好的吸热降温作用，黄土、高分子胶体能够充填浮煤孔隙、包裹煤体、隔绝煤氧接触，阻隔煤氧复合反应产生 CO，并有利于再生顶板的形成，同时对水、黄土浆液进行改性，提高其利用率，并改善其防灭火效能，避免"溃水、溃浆"等次生事故的发生，具有很好的阻化性、堵漏性及灭火性能。

1. 胶体堵漏风效果

（1）实验过程

主要通过测试不同胶体材料（MCJ12 高分子胶体、黄土复合胶体）的压力差考察其堵漏效果，实验时分别配置基料浓度为 0.4%、0.6%、0.8%、1.0%、1.2%和 1.4%的高分子胶体材料，以及水土比例为 1∶0.4，1∶0.6，1∶0.8，1∶1.0，1∶1.2 和 1∶1.4 的黄土复合胶体进行实验，实验装置和实验原理见文献，主要测试不同浓度的高分子胶体材料单位长度上所能耐受的压力差 Δp 随施加压力的变化。

（2）实验结果

实验结果如图 5-1(a)所示。横坐标表示向胶体施加的压力，纵坐标表示单位高度胶体承受的压力差。从图 5-1(a)可以看出，高分子胶体防灭火材料单位长度上的耐受压力整体上随着基料浓度的增加先降低后升高。同时可将整体分为三个阶段进行分析，第一阶段是压力小于 0.06~0.075 MPa 时，随着胶体浓度的增加，其堵漏效果越好，其中 1.4%浓度的胶体堵漏效果最佳，但与 1%、1.2%浓度胶体变化不大；第二阶段是在 0.06~0.016 MPa 时，胶体的堵漏效果发生了变化，0.8%、1.0%、1.2%浓度的胶体抗压力差增加较慢，但是性能比较稳定，综合分析现场情况，胶体所受压力很快超过 0.1 MPa，因此综合考虑经济性能，现场最佳采用 1%浓度的胶体材料最为合适。

如图 5-1(b)所示，由于黄土浆液的浓度对渗透性起到决定性的作用，土水

比大于或小于 1∶0.6 配比时，都能够达到较好的堵漏效果，因此综合考虑经济性和堵漏效果，在实际压注黄土复合胶体过程中，将浆液浓度控制在 1∶0.4 左右时，即可达到堵漏效果。

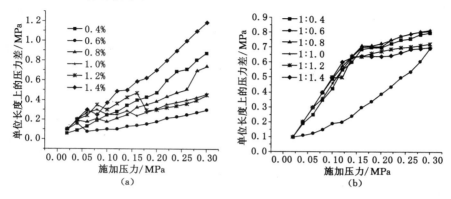

图 5-1　胶体材料单位长度耐受压力随施加压力变化曲线图
(a) 高分子胶体；(b) 黄土复合胶体

2. 胶体阻化性能

胶体的阻化性能是指胶体材料降低煤表面分子的活性，提高反应活化能的能力。不同种胶体材料的成分不同，物理和化学性质不同，对煤自燃的阻化作用也不尽相同。本章对各种胶体材料处理过的煤样进行煤自燃程序升温实验，实验装置见图 5-2，该实验主要测定指标气体的含量及放热强度等参数随温度的变化，从而分析不同种胶体材料对煤自燃的阻化特性。

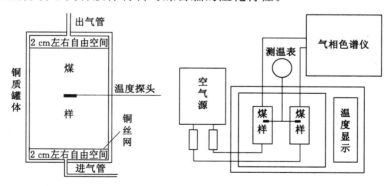

图 5-2　程序升温实验装置

主要实验结果分析如下：

(1) 胶体材料对煤升温速率的影响

煤自燃程序升温实验主要是利用程序升温箱加热煤样，从而在短时间内模拟煤低温氧化自燃过程,为此,在实验过程中煤氧复合反应放出的热量对煤温升高的影响可以忽略不计。而整个实验过程中所采用的煤完全相同,箱温和煤温的差值始终控制在 30 ℃,其他条件完全相同,那么此时造成煤样升温速率不同的最主要的原因就是煤样处理效果不同,即水和胶体材料的作用导致煤样升温速率不同,实验结果如图 5-3 所示。80 ℃以前,原煤样及各种灭火材料处理的煤样升温速率基本一致,但是在 80～100 ℃之间,各个煤样的升温速率差别较大,干煤仍然保持原升温速率升温,而处理过的煤样升温速率则大幅度降低,其中高分子材料处理过的煤样升温速率最低,水玻璃次之,然后依次为粉煤灰和黄土复合胶体,说明胶体具有良好保水的性能,能够延长煤样的氧化升温时间。

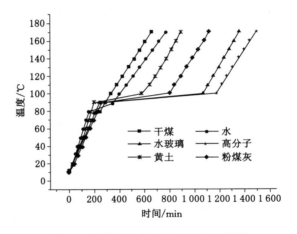

图 5-3　煤样温度随时间的变化曲线图

（2）胶体材料对指标气体产生的影响

该实验将 CO 产生量和耗氧速率作为分析胶体材料对煤自燃影响的两个重要指标。在煤自然氧化程序升温实验中,测试不同材料处理过的煤样氧化气体参数,分析 CO 气体浓度随煤温变化的曲线,如图 5-4 和图 5-5 所示。

如图 5-4 和图 5-5 所示,水和胶体材料对 CO 产生量具有一定的抑制作用,其中高分子胶体和水玻璃的抑制效果最好,其次是黄土复合胶体,纯水的抑制效果较差。说明胶体材料特有的凝胶特性能够使其停留在煤体表面,隔绝煤氧接触,高分子胶体材料和水玻璃的强度较小,发生破坏后,在外力作用下,仍能紧密接触,黄土和粉煤灰胶体材料发生破坏后形成的漏风通道较难恢复原状,因此,在实践使用过程中,黄土复合胶体的大量使用和不断补给很好地弥补了这个缺陷,因此可以在大范围采空区进行使用。水玻璃和高分子胶体材料都具有良好的堵漏效果,但是相对来说高分子胶体的使用工艺包括材料配比、压注工艺都有一定的优势,因此比较适合现场应用。

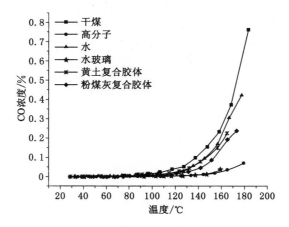

图 5-4　CO 浓度随煤温变化曲线图

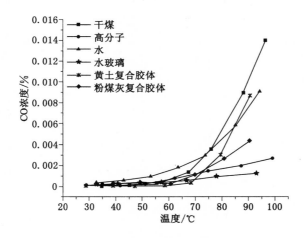

图 5-5　低温下 CO 浓度随煤温变化曲线图

　　如图 5-6 所示为水和胶体材料对煤样低温氧化过程中耗氧速率的影响。由图可知,在 70 ℃以前,水和胶体材料对煤样耗氧速率具有一定的促进作用,其中水的促进作用较为强烈。70 ℃以后,水和胶体材料对煤氧化的耗氧速率的影响变为抑制作用,其中水的抑制作用最差。从总体上看,其抑制作用明显大于促进作用。由此可以看出,水和胶体材料对煤氧化耗氧速率的影响和对煤氧化 CO 产生量的影响一致,都具有一定的抑制作用。

　　3. 胶体的灭火性能

　　煤矿井下采用均压技术和堵漏技术防止 CO 烟气等伤人,而只有积极灭火才可能消除 CO 等气体的根源,减少人员伤亡和财产损失。胶体具有隔离火源和堵漏的作用,并对烟气起稀释、降温、溶解作用,既降低了烟气毒性,又抑制了

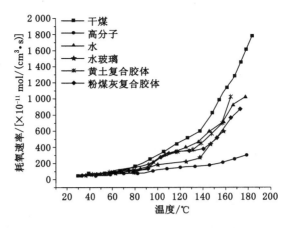

图 5-6　耗氧速率随煤温变化曲线图

高温烟气的蔓延扩散，安全性更强。本书通过不同种胶体材料的灭火实验，观察各种胶体材料灭火时的现象，测量灭火后煤体内部温度变化，并利用气相色谱仪对尾气成分进行分析，进而得出，各种胶体材料灭火的优劣特性，指导胶体材料的现场应用。该实验将煤样粉碎装入实验桶内加热至 300 ℃以上，然后注入不同的防灭火材料：高分子胶体的浓度为 1%、水玻璃中工业硅酸钠的浓度为 10%、$NaHCO_3$ 的浓度为 4%、黄土复合胶体和粉煤灰复合胶体中水与骨料的比例均为 1∶1，胶凝剂和悬浮剂添加量均为 0.10%。并记录煤体内部温度、不同阶段的煤温及产生的气体，利用实验所得数据绘制煤体温度和气体成分随灭火时间变化曲线图，对比分析不同种胶体材料和水的灭火实验效果，具体实验原理、实验装置及实验过程见文献[101]。

（1）实验现象

用水灭火时，产生大量水蒸气夹杂着煤颗粒向四周飞溅的现象，蒸汽温度很高。同时水在煤体中的下渗速度较快，能够带走大量的热量。

黄土复合胶体灭火时，游离水迅速气化，产生较多水蒸气，携带部分黄泥和煤颗粒飞溅出来。但随着游离水分迅速下渗和气化，黄土复合胶体逐渐覆盖在煤体上方，对煤体进行包裹降温，产生少量的水蒸气。

水玻璃，高分子胶体和粉煤灰复合胶体的固水能力较好，实验时将胶体材料倒入实验炉内，产生少量水蒸气，没有煤颗粒飞溅。但由于粉煤灰复合胶体的流动性相对较差，其铺满炉体表面的速度和下渗速度均较慢。水玻璃受温度影响相对较大，在遇到高温煤体时，析水量明显增加，因此产生的水蒸气相对较多，但产生速度和产生量均远小于用黄土复合胶体和水灭火。高分子胶体在此时表现出较强的优势，渗漏性和黏结性较好，能够很快对松散煤体间的空隙进行充填，降温速度快,水蒸气量少。

(2)实验结果

运用不同种材料灭火后煤体内部温度的变化情况如图 5-7 所示。可以看出,用不同种材料灭火后,煤体温度均逐渐降低。

煤体的初始温度下降最快,此后,其温度下降开始变慢,胶体材料灭火时,其初始温度下降速度均比水要慢。但随后由于胶体材料逐渐下渗,吸热降温的同时隔绝煤氧接触,温度下降速度较快,仅 10 min 左右,煤体温度已经降至稳定状态。说明胶体材料的固水效果和流动性息息相关,固水效果越好,初始游离水含量越低,由水分下渗带走的热量越少,初始温度下降越慢;流动性越好,胶体的渗透性越好,到达煤体内部的速度越快,温度下降越快。

如图 5-8 所示为不同材料灭火后 O_2 浓度随时间的变化,从图中可以看出水灭火和各种胶体材料灭火后 O_2 浓度的变化规律有明显的区别。注水以后,O_2 浓度先迅速降低,随后有所增加,然后降低,到 20 min 后,又开始逐渐增加,说明水的降温持续性不强,水灭火易复燃。黄土复合胶体灭火后,最初仍表现出水灭火的部分特性,但随后其游离水散失,胶体起到封堵降温的作用,氧气浓度则继续下降。水玻璃,高分子胶体和粉煤灰复合胶体灭火时,氧气的初始浓度值较高,但随后氧气浓度持续下降。

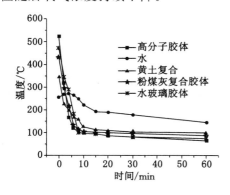

图 5-7　灭火后温度随时间的变化曲线图

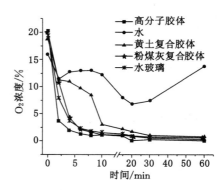

图 5-8　O_2 浓度随时间的变化曲线

如图 5-9 所示为不同材料灭火后 CO、CO_2 浓度随时间的变化曲线,从图中可以看出,CO、CO_2 浓度的变化趋势基本相同,但用水灭火时 CO 和 CO_2 浓度初始值较低,但随后浓度下降速率逐渐变慢,并很快超过胶体灭火时的气体浓度,这是由于水的灭火具有瞬时性,没有彻底扑灭煤火,容易复燃所致。胶体灭火时,CO 和 CO_2 浓度初始值虽然较高,但下降速率较快。这表明:高分子胶体的灭火效果最好,随后依次为水玻璃、粉煤灰复合胶体和黄土复合胶体。当然,在矿井实际应用时还要根据各种胶体的其他性质来选择灭火材料,例如会考虑粉煤灰复合胶体的强度比较大,成本比较低等因素。

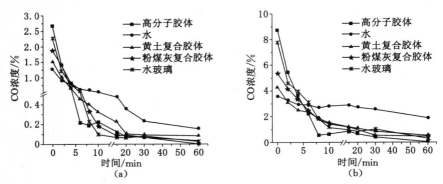

图 5-9　不同材料灭火后 CO 和 CO_2 浓度随时间的变化曲线

(a) CO 浓度随时间的变化曲线;(b) CO_2 浓度随时间的变化曲线

二、采空区 CO 超限预防及控制系统

灵武矿区的注胶工艺主要采用 MDZ-60 地面固定式灌浆注胶防灭火系统,如图 5-10 所示。该系统主要由浆料储存场地、浆料输送、连续式定量制浆、过滤搅拌、计量、输浆及管网系统和添加外加剂等部分组成,可实现灌注复合胶体和高分子胶体的功能。

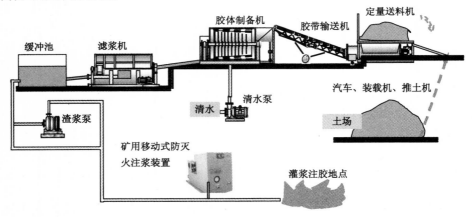

图 5-10　地面固定式灌浆注胶防灭火系统工艺流程图

1. 复合胶体压注工艺

利用地面制浆系统将黄土和水按照比例进行充分混合和搅拌,并且对浆液颗粒进行筛选,如果黄土的悬浮性较差或者灌浆管路较长时,可以在浆液中适量添加悬浮剂,将合格的黄土浆液由渣浆泵送至井下注胶地点(浆液到达注胶地点附近时,在注浆地点)附近,使用 ZM-5/1.8G(N)矿用移动式防灭火注浆装置向

输浆管路的浆液内加入 FCJ12 复合胶体胶凝剂(胶凝剂使用量:>0.06%),当复合胶体通过钻孔或预埋管路压入到指定地点后,胶凝剂会使浆液在一定时间内(1 min 左右)发生胶凝反应,形成类似豆腐状无流动性固体,在压力作用下通过裂隙缓慢移动,失去部分水后完全失去流动性,形成复合胶体泥浆对火区进行控制。

2. 高分子胶体压注工艺

在井下注胶地点附件安装好矿用移动式防灭火注浆装置(离用胶地点距离小于 30 m),连接水电,把胶体灭火剂加入胶凝剂料箱,利用该装置将灭火剂和水进行充分混合,然后利用该装置产生的 1.8 MPa 压力将高分子胶体通过管路送入注胶地点,高分子胶体的浓度按使用现场的要求进行调节,一般条件下 MCJ12 高分子胶体灭火剂添加量应大于 0.8%(质量比),水的流量控制在 5 m³/h 左右。

三、回收撤面期间 CO 超限预防方法

因为灵武矿区开采煤层的氧化性极强,并且容易发展为自燃火灾,加上工作面撤面的周期基本都大于实际煤自然发火期,因此为防止工作面回撤支架期间采空区中的遗煤自然氧化,产生大量 CO 气体,需要提前对采空区实施防灭火措施。回收撤面期间的整体防灭火工作可分为工作面回收停采前、回收撤面期间、撤面封闭以后三个阶段分步实施预防 CO 气体超限的措施。

1. 回收停采前

(1)根据 CO 产生的机理及人为控制的有利因素进行分析,首先要人为的降低采空区氧气浓度,主要采取上下两巷加密隔离的措施,即当工作面推进距离停采线 50 m、25 m 位置时,要分别在上、下两巷压注黄土复合胶体,对上下端头进行封堵,减少采空区漏风。压注钻孔可以提前预埋,也可以采用采空区钻机进行施工,注胶管路终孔位置应尽量接近巷道顶板。胶体隔离带布置如图 5-11 所示。

(2)在每个胶体隔离墙前 5 m 的位置预留注氮口,当复合胶体压注结束后,可向采空区进行注氮。

2. 工作面回收撤面期间

(1)工作面推至停采线以后,首先利用沙袋墙对上、下端头进行封堵,同时向采空区实施注胶钻孔,注胶钻孔至停采线以内 5~8 m 的位置,高度接顶或者在煤层顶板,然后通过钻孔灌注复合胶体,形成胶体隔离墙,见图 5-11。

(2)因为回收支架期间,浅部采空区内浮煤处于静态氧化阶段,因此自然发火期缩短,为了有效减少支架后部浮煤的漏风,降低浮煤自燃的危险性,沿工作面倾斜方向平均设计 3 个钻场,从架间向采空区打钻压注复合胶体或者高分子胶体材料,见图 5-11。

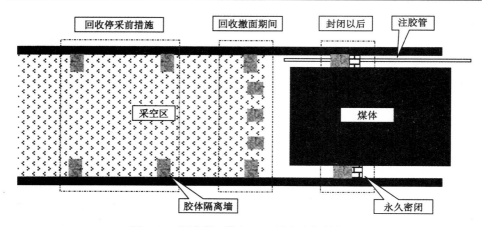

图 5-11　回收撤面期间 CO 预防及控制方法

3. 工作面撤面结束

（1）工作面撤面结束后再施工两道永久性封闭墙，为了提高密闭堵漏效果，通过密闭顶部埋管（或密闭内巷道顶板冒落带处施工钻孔）向密闭内压注复合胶体，见图 5-11 中密闭以后防灭火工作。

（2）封闭工作面之前从沿风巷外帮底板预留一趟注胶管路，管路出口至回风隅角，用以进行采空区应急处理。

第三节　应用案例

一、枣泉煤矿 12206 工作面 CO 超限防治

1. 工作面概况及 CO 出现经过

枣泉煤矿 12206 工作面位于 12 采区北翼，工作面走向长 1 588 m，倾向长 248 m，煤层厚度 8 m，采用综采放顶煤开采，沿底板开采，采 3 m、放 5 m，工作面正常回采期间风量控制在 650～700 m³/min。所开采的二煤层，是发热量较高、水分较高、活性高的不黏结煤。相对瓦斯含量为 0.188 m³/t，绝对瓦斯涌出量为 0.004 2 m³/min，煤层自然发火期为 35 d，属于易自燃煤层，地温 18 ℃。工作面切眼下部位于碎石井沟古河床下方，向南为东副斜井，工作面西部煤层以及上部一煤层未进行开采，工作面周围无采空区存在。

12206 工作面于 2009 年 12 月 2 日到达停采线位置，12 月 3 日由建井处开始回收工作面前后刮板机及平巷转载机。12 月 24 日因元旦放假对工作面实施了临时封闭，并采取连续式注氮防止煤体自然发火。2010 年 1 月 2 日工作面启封后发现 70# 和 21# 支架顶部 CO 超限，最高浓度达 0.120 8%，同时工作面风

流中 CO 气体含量及温度上升较快。被迫于 1 月 6 日进行二次封闭处理,工作面二次封闭后,密闭内 CO 气体浓度最高达 0.985%,封闭期间,采用封闭式注氮降低氧气浓度的办法控制火区的继续扩大,氮气浓度为 97% 以上,注氮量为 180 m³/h。

2. CO 超限原因及治理思路

根据 12206 工作面的实际生产条件和煤自然发火特点进行分析,其煤自燃主要有以下几个原因:

(1)综放面开采方式在停采线前都有 20 m 左右范围开始不放顶煤,遗留了大量的浮煤在采空区,尤其是在两道,不但浮煤量较大而且漏风较为通畅,为煤自燃埋下隐患。

(2)枣泉煤矿 2# 煤样自然发火期为 35 d,属于极易自燃煤层,加上工作面回收速度较慢,停采后的 1 个月内为采空区浮煤提供了很好的氧化条件及充足的氧化时间,从而引起热量积聚进而发生煤自燃的现象。

(3)工作面第一次临时封闭的时间正好处于煤自然发火期前后,采空区内因氧化产生的大量热量因为封闭不能及时散失,加上临时密闭效果较差,不能起到理想的密闭效果,因此导致了封闭后采空区煤自燃的继续恶化,CO 气体浓度持续上升的现象。

依据 12206 综放面的特点及原因,本着"安全第一、预防为主"的原则,在支架后部形成一堵胶体隔离带,对支架后部的高温浮煤进行降温处理,阻止采空区深部自燃高温区向工作面发展和 CO 气体向工作面涌出,同时向深部采空区实施长距离钻孔,对深部可能高温区进行降温处理。

3. 治理方法

为了防止采空区高温区域(或者火源)向工作面扩散,在支架后方注胶、灌浆形成一条沿倾斜方向、平行于工作面的防火隔离带,该工艺主要包括灭火巷道设计、施工钻孔及压注胶体等 3 个主要工艺。

(1)灭火措施巷道

灭火巷道的主要功能是为注胶钻孔施工及注胶工程提供条件,在设计灭火巷道的过程中,应同时考虑钻机的性能、巷道的掘进技术与装备、巷道布置以及实际地质条件。一般要求灭火巷道在超前工作面的位置沿煤层顶板布置,巷道与工作面平行,根据枣泉煤矿 12206 工作面的实际情况,在距离工作面 10 m 的位置,沿煤层顶板,平行于工作面方向掘进一条灭火措施巷,如图 5-12 所示。

(2)钻孔注胶

注胶钻孔的布置主要根据灭火巷道设计,可以垂直向工作面施工,也可以呈扇形布置,但是对钻孔终孔位置要求较高。工作面架后钻孔布置如图 5-12 和图 5-13 所示。从灭火巷道向采空区后施工两类钻孔,深孔(A 类)钻孔终孔位置位

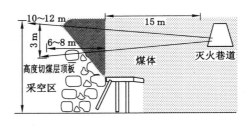

图 5-12 注胶钻孔剖面示意图

于支架后方 12 m,相邻两孔(终孔位置)间距 20 m,高度紧切煤层顶板,浅孔(B 类)钻孔施工至支架尾梁以后 6～8 m,距离煤层顶板以下 3 m,钻孔水平间距 5 m,根据枣泉煤矿实际情况,共布置浅孔 47 个,长钻孔 13 个。

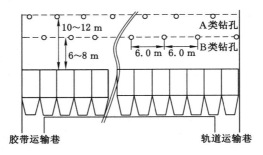

图 5-13 注胶钻孔布置平面示意图

(3) 压注胶体

① 浅孔压注高分子胶体进行隔离、降温。根据设计共在措施巷向工作面支架后方施工了 49 个浅孔,位置为支架后约 7.5 m 范围,共灌注高分子灭火胶体约 2 000 m³,目的是在支架后部形成一道胶体隔离墙,一方面减少采空区的漏风量,降低 CO 的产生量;另一方面阻止采空区的 CO 气体涌入工作面。

② 深孔压注复合胶体进行降温。根据设计和现场从灭火巷道向支架后部施工长孔 14 个,长孔终孔位置为支架后约 15 m 范围,采取先注水、后灌注复合胶体的工艺,注入复合胶体约 20 000 m³,主要对深部大面积采空区进行降温和堵漏处理。

4. 治理效果

工作面封闭初期,架间温度最高达到 30.1 ℃(20# 支架),火区治理后稳定在 18.5 ℃,钻孔及两巷闭内气体采样结果为:氧气浓度稳定在 5.0% 以下;C_2H_6、C_2H_4、C_2H_2 浓度为 0,CO 浓度稳定在 0.001% 以下,具体如下:

(1) 钻孔气体变化分析。根据钻孔施工现场数据和人工采样数据,钻孔施工完毕后,从部分钻孔内涌出微量 CO,浓度最高达到 0.001 1%;从工作面 70#

支架和 20$^{\#}$ 支架、机巷密闭内、风巷密闭内、风巷回风隅角等 5 处预埋的束管检测结果看,CO 浓度一直稳定在 0.001% 以下。经钻孔自上而下注胶、压注复合胶体措施后,根据气体监测结果显示,采空区 CO 呈下降趋势,趋于平稳,最高浓度为 0.000 8%。

(2)钻孔温度变化状态分析。封闭前,工作面 20$^{\#}$、70$^{\#}$ 支架处温度最高,分别为 30.1 ℃和 28.3 ℃,经过注胶处理后,根据措施巷 20$^{\#}$、70$^{\#}$ 支架后方 7 m 范围施工的两个测温孔测定结果来看,以上两个支架处温度稳定在 18.5 ℃和 15.8 ℃,采空区温度变化趋势平缓,总体呈下降趋势。

(3)机巷出水温度。根据水温的检测,机巷出水温度逐渐下降,在采空区内部出水温度相同的前提下,说明采空区内部高温区域温度逐渐降低,采空区的气温整体呈现下降趋势,出水温度最高为 14 ℃。

二、枣泉煤矿 12203 大采高工作面 CO 超限防治

1. 工作面概况及 CO 出现经过

枣泉煤矿 12203 工作面是大采高工作面,工作面走向长 709 m,倾向长 223 m,倾角为 3°～5°,煤层厚度为 3.3～8.7 m,平均煤厚 6.67 m,实际采高为 5 m。12203 工作面以北 112 m 处为西缓坡斜井,以东 21 m 处为 12205 工作面采空区,以南 1 066 m 处为 24 勘探线,以西 97 m 处为 11201 工作面风巷,以北 294 m 处为 2$^{\#}$ 煤层风氧化带,66 m 处为 DF$_{16}$、DF$_{17}$、DF$_{18}$ 断层带破碎区,其上部煤层还未开采。12203 工作面于 2009 年 11 月 6 日开始回采,回采期间,12203 工作面风量为 1 150～1 300 m^3/min。所开采煤层为 2$^{\#}$ 煤层,属于易自燃煤层,最短自然发火期为 35 d,无地温、热害现象,煤层瓦斯含量低,瓦斯绝对涌出量为 0.136 m^3/t,相对涌出量为 0.976 m^3/min,煤尘爆炸指数为 34.66%。

2010 年 3 月 13 日早班,12203 工作面开始挂网,4 月 11 日夜班挂网结束,12203 工作面累计推进 20 m,工作面风量由 1 163 m^3/min 调整为 783 m^3/min。在 4 月 23 日早班,瓦斯检查工发现 12203 工作面部分支架顶部 CO 含量超限,其中 60$^{\#}$ 支架顶板 CO 含量最高为 0.007 4%。4 月 25 日夜班对 12203 工作面进行详细复查后,支架顶部 CO 含量呈上升趋势,温度也逐渐升高,其中 76$^{\#}$ 支架顶板 CO 含量为 0.026 6%,温度为 22.8 ℃,上隅角 CO 含量为 0.037 2%,温度为 25.9 ℃。

2. CO 超限治理思路

(1)采取“预防为主”的原则,以破坏煤自燃条件为主要目的。首先要降低采空区漏风量,同时对采空区进行惰化处理,并通过注氮、注水、灌浆等措施降低已氧化煤体温度。为了及时、有效的处理异常区域,应在支架回收不同阶段有针对性地采取相应的防火措施。

(2)支架回收前,将采空区两道封堵,并将辅助巷的联络巷封堵,向采空区

间歇性注氮；回收期间，降低风量，减少采空区漏风量，并向采空区开放式注氮，局部注水、灌浆；回收后，加强密闭堵漏，采用向采空区连续性封闭式注氮、注水、灌浆。在整个支架回收工作期间，要始终对气体、温度等煤自燃特性参数进行监测，一旦发现异常，及时采取措施处理。

3. 治理方法

为了更好有效地解决 12203 工作面 CO 超限的问题，根据实际情况采用了注氮、灌浆和永久密闭等措施进行了治理。

（1）注氮措施

氮气是一种惰性气体，不会与煤体发生反应，通过注氮孔向采空区大流量连续性注氮，能够有效降低采空区 O_2 浓度，隔绝煤体与 O_2 接触，防止采空区浮煤氧化自燃，降低 CO 浓度，并惰化采空区。

① 注氮方式

在 13、14 辅助运输巷 3# 联络巷以西 33 m、34.5 m、36 m 位置布置 3 个注氮孔，要求钻孔孔径为 75 mm，并利用直径为 89 mm 的扩孔管将钻孔扩至 113 mm，深度不小于 3 m，3 个注氮孔布置如图 5-14 所示。通过这三个注氮孔以及机巷预埋注氮管，使用 2# 和 3# 注氮机，向采空区注氮。

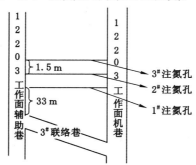

图 5-14　12203 工作面辅助巷注氮孔布置示意图

② 注氮时间及安排

尽管大流量、连续性向采空区注氮能有效降低 O_2 浓度，惰化采空区，但是，对于在支架回收期间出现的高温点或异常区域，大流量、连续性注氮方式明显不适用，反而会影响现场工作进度，延长回收周期。因此，在回收工作的不同阶段，应该采取不同的注氮方式，才能在不影响工作面正常工作的情况下，消灭高温点或高温区域，阻止采空区高温点向工作面发展。回收前以及回收期间，采用间歇性、开放式注氮，支架回收结束、工作面封闭后，采用连续性、封闭式注氮。

③ 注氮量

截至 2010 年 4 月 25 日 6:00，12203 工作面注氮量为 8 146 m³，平均流量为

1 136.7 m³/h,其中 2# 注氮机平均流量为 476 m³/h,3# 注氮机平均流量为660.7 m³/h。

（2）灌浆措施

① 灌浆系统

采用矿用 MDZ-60 地面固定式胶体防灭火系统作为制浆、灌浆系统,该系统由浆料储存场地、浆料输送、连续式定量制浆、过滤搅拌、计量、输浆及管网系统和添加外加剂等部分构成,见图 5-15。

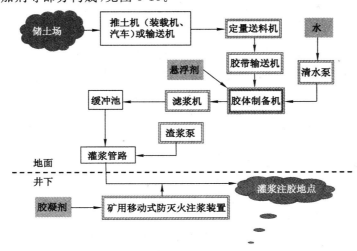

图 5-15　地面固定式灌浆注胶防灭火系统流程图

② 灌浆工期安排

为了确保回收工作的顺利、连续进行,在不同阶段,采取不同的灌浆方式:回收前和回收期间,针对异常区域,进行局部、间歇性灌浆;支架回收完工作面封闭后,采用连续性灌浆,降低密闭内 CO 浓度和密闭内温度。

③ 工程量

根据现场工作以及气体监测数据,调整灌浆量,以不影响现场回撤工作为依据。

（3）永久密闭措施

① 密闭实施

各巷道的密闭必须按封闭区域示意图标注的位置进行施工。密闭墙体必须采用料石砌筑,料石缝用砂浆充填严实,做到严密不漏风。墙体平整(1 m 内凸凹不大于 10 mm)无裂缝、重缝和空缝。密闭墙体砌成后,必须对密闭内、外两面进行抹面,周边必须留有不小于 100 mm 的裙边。预留观测孔和措施孔,孔口须封堵严实,防止漏风。

② 密闭加固

为了防止通过密闭墙向采空区漏风,加大封闭效果,在第一道密闭墙施工完后,在墙体两侧向顶板打孔,充填玛丽散材料,再施工第二道密闭墙。

4. 治理效果

对多个支架及上隅角 CO 气体浓度及温度进行了监测,选取 76# 支架和上隅角的监测数据,对防灭火效果进行分析。

(1) 气体指标

从图 5-16 和图 5-17 可以看出,采取注氮、注水、灌浆综合防灭火措施之后,CO 浓度虽然有起伏,但是总体呈下降趋势,而上隅角 CO 浓度下降比较慢,主要是因为在支架撤出工作面的过程中,支架上方的浮煤垮落,使采空区及支架上方浮煤氧化产生的 CO 释放出来,并随着工作面风流移动,最终在上隅角积聚。

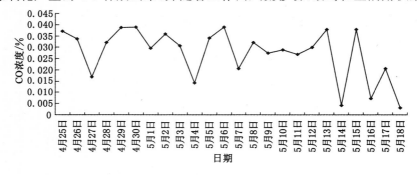

图 5-16　回收期间上隅角 CO 浓度变化规律

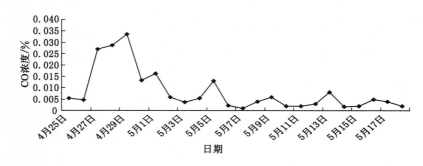

图 5-17　76# 支架处 CO 浓度变化规律

(2) 温度指标

从图 5-18 和图 5-19 可以看出,上隅角温度平稳下降,而 76# 支架附近温度下降之后反而呈上升趋势,这是因为支架回收期间在上隅角进行间歇性灌浆,而 76# 支架附近则由于支架的撤出而没有继续注水、灌浆处理,并且松散煤体较多,煤体缓慢氧化,放出热量,使煤体温度升高。

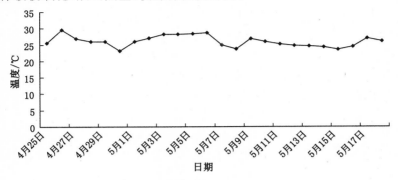

图 5-18 回收期间上隅角温度变化规律

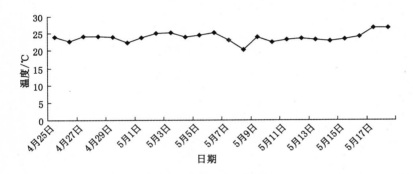

图 5-19 76# 支架处温度变化规律

三、枣泉煤矿 11201 工作面煤自燃防治

1. 工作面概况及 CO 出现经过

枣泉煤矿 2# 煤层厚 4.74~9.42 m,平均厚度 8.2 m,11201 工作面轨道运输巷位于 2# 煤层中,沿巷道上帮侧底板掘进,设计长度 3 025 m,推采长度 2 700 m,倾斜长度 310 m,每日正常推进速度 6 m 左右,回采率 75% 以上。11201 工作面的煤是特低硫、低灰、低熔点、较高发热量、较高水分、半暗型的不黏结煤。该巷道于 2008 年 10 月 16 日开始掘进施工,自 2009 年 12 月 5 日发现轨道运输巷 1 665 m、1 675 m 两处高温点后,至 2010 年 1 月 29 日夜班,共在 11201 轨道运输巷发现高温点 68 处,且部分地点伴有明火产生,自然发火成为制约该工作面安全生产的主要因素。

2. 治理思路

通过红外成像技术确定出巷道的高温异常区域,然后在异常区域布置 MJ-8 煤层火灾监测管对高温点的气体和温度进行实时监测,同时制定严格的检测制度,对有发展趋势的高温区域利用胶体灭火材料进行快速控制。

3. 治理方法

(1)巷道煤自燃综合监测技术

根据 12201 巷道顶板破碎情况,以周为周期采用红外成像仪对巷道顶板进行全断面扫描,对温度差超过 3 ℃以上的高温点进行标注,然后在该处施工钻孔,埋设 MJ-8 煤层火灾监测管,通过温度和气体两个指标对顶板深部的煤自燃状态进行监测,如图 5-20 所示。

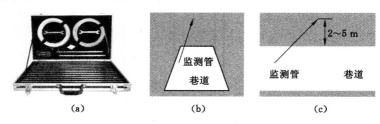

图 5-20　MJ-8 煤层火灾监测管布置示意图

(a)火灾监测管及监测仪器;(b),(c)监测钻孔布置示意图

(2)巷道钻孔位置及设计

经过对高温点进行监测,发现如果 CO 气体或者温度有上升趋势,则需要对该点施工钻孔,进行注水、注高分子胶体等处理。主要有发展趋势的高温点有:风巷中的 1 480 m、1 510 m、5$^\#$位上约 18 m、5$^\#$位、1 626 m、1 694 m、1 977 m、2 046 m;机巷中除 1 920 m 外其余点。钻孔从巷道顶部、肩窝和煤帮处向密闭墙周边施工多排钻孔(图 5-21),终孔位置排距 3～5 m,每排约 3 个钻孔,钻孔倾角 60°,深度约 2～3 m。针对 11201 风、机巷的实际情况,设计钻孔为每处布三排钻孔,每排三个钻孔,分别向巷道肩窝、顶板进行,排距 2 m。具体如图 5-21 所示。利用 ZHJ-5/1.8G 煤矿用注浆机将 MCJ12 高分子灭火剂按 1% 以上的比例与水混合后,压入钻孔内。每个钻孔压注 20 m³。

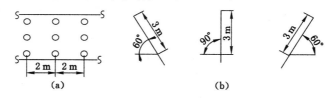

图 5-21　11201 风、机巷灭火钻孔布置示意图

4. 治理效果

针对 12201 综放面轨道运输巷的顶板的高点进行全面的和局部的监测,及时地发现了煤自燃的高温点 60 余处,最高温度达到 50 ℃以上,并实现了整个高

温点的实施监测,同时针对比较严重的高温点进行了及时的应急处理,有效地防止了该巷道煤自燃火灾的发生。

四、羊场湾煤矿 Y162 超长综放面煤自然防治

1. 工作面概况

Y162 综放面回采 2# 煤层,走向长 3 280 m,工作面长 300 m,采用走向长壁后退式综采放顶煤采煤法,全部跨落法控制采空区顶板。煤层平均厚度为10.35 m,煤层倾角 10°~16°,工作面采高 3.2 m,平均放煤高度 7.15 m,月平均推进 120 m,2# 煤层的着火点温度平均值为 294 ℃,属易自燃的煤层,最短自然发火期 23 d。该矿经过多年开采经验,结合该矿实际生产条件分析,该面在回收期间存在严重的煤自燃隐患,因此采用了快速回撤、注氮及注胶等综合防灭火技术措施,保证回收安全。

2. 治理思路

从生产优化、综合防治两方面考虑,首先通过优化生产工艺,缩短了回收时间,降低煤自然发火期;同时采用阶段式综合防灭火措施,对煤自燃危险区域范围内进行注氮惰化、灌浆降温,针对停采线后部 30 m 范围内进行集中注氮以降低氧浓度;停采期间,采用高分子胶体及瑞琪米诺化等材料对上下端头进行封堵,降低采空区漏风。

3. 治理方法

Y162 综放面煤自燃预防过程中,充分实现了以预防为主的安全原则,通过对生产工艺进行优化、多重措施并重,有效、安全地保证了工作面的顺利回收。

(1) 优化回收工艺,提高回收速度

停采线采用机械式的手动轮(每隔 6 架支架安装一组)铺设的方式,提高了铺网速度,并采用单体支柱推移刮板输送机,利用采煤机施工回撤通道,提高回收速度。在设备回收过程中采用分段式回收,将工作面回收分为两个部分:工作面后部刮板输送机,1#、2# 端头支架,前部刮板输送机头部,转载机等从 Y162运输平巷及 Y222 回风平巷回撤;工作面前部刮板输送机、后部刮板输送机机尾、过渡支架、基本支架从 Y162 回风平巷回收。

(2) 煤层顶板铺设风筒布,降低采空区漏风

在铺网过程中铅丝网与塑钢网中间加一层风筒布,随着顶板的垮落,风筒布有效地减少工作面回收期间的漏风量,同时保证了采空区注氮措施的有效性和惰化性。

(3) 上、下端头封堵,降低采空区漏风

从停采线 150 m 开始,随着工作面推进在上隅角两道隔离墙之间通过预埋管路注入高分子防灭火胶体;工作面停采后,利用瑞琪米诺化充填粉料加固下隅

角,在架间施工钻孔,压注适量高分子防灭火胶体。

（4）采空区大流量灌浆和注氮,对采空区进行降温和惰化

从工作面距停采线 150 m 开始,在工作面运输、回风平巷每隔 30 m 各铺设一趟注氮管路,共计五趟,运输平巷管路在回采和停采后实施 24 h 持续注氮,埋管进入采空区 60 m 后断开不再使用,注氮量保持在 1 600～1 800 m³/h,氮气浓度保证在 97% 以上;回风管路压入出口进入采空区 30 m 后开始灌浆,150 m 和 120 m 的埋管在进入采空区 60 m 后断开不再使用。灌浆、注氮管路布置见图 5-22。

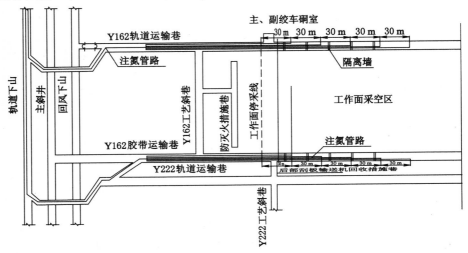

图 5-22　注氮管及隔离墙布置示意图

工作面距停采线 30 m 时,沿后部刮板输送机铺设一趟辅助注氮管路,分别在距回风平巷 150 m、100 m 的位置预留出注氮口,用以覆盖采空区中部注氮量相对薄弱的中上部区域。

4. 治理效果

在 Y162 超长综放面回收过程中通过采取快速回收、连续注氮、减少漏风、加强监测等综合防灭火措施,有效地阻止了该面煤自燃隐患,回收期间回风流中 CO 气体浓度一直稳定在 0.002 4% 以下,保证了工作面顺利回收。

五、羊场湾煤矿 Y252 回撤工作面煤自燃防治

1. 工作面概况

Y252 工作面采用综采放顶煤工艺开采,平均煤层厚 8.4 m 左右,工作面采高 3.2 m,放顶煤厚度 5.2 m 左右。工作面采用“U”形通风方式,下平巷进风,上平巷回风,工作面日常配风量 870 m³/min 左右。工作面走向长度 1 493 m,自 2010 年 8 月初开始开采,截至 2011 年 8 月 4 日距停采线 120 m,开始进入收

尾阶段。

2. 治理思路

针对 Y252 综放面煤自燃高温点,主要采用了"高温定点压注液氮、采空区深部复合胶体降温、近距离胶体隔离"的技术措施,首先通过地面钻孔和井下相邻巷道钻孔向 30$^\#$、90$^\#$ 支架后部高温点大量压注液态氮,对高温点进行快速降温,赢取快速、安全启封时机;通过采空区深部降温、支架后部胶体隔离,一方面可以延缓煤自然发火期,另一方面可以防止支架附近煤体的复燃和氧化。

3. 治理方法

(1) 胶体压注及消火道施工

施工一条与 Y252 工作面平行的消火巷道,距离工作面水平距离 20 m,通过巷道,巷道宽 2.5 m,高 2 m,采用锚杆临时支护,采用 KHY-50/38 钻具在支架后方向施工两排钻孔,一排浅孔钻孔,距离架后 3～5 m,高度接煤层顶板,主要压注高分子胶体,对支架后部进行降温和隔离;另一排为深孔钻孔,距离架后 15～20 m,高度接近煤顶板,主要向采空区压注复合胶体;同时在 30$^\#$ 和 90$^\#$ 支架后部各施工一个观测钻孔,钻孔水平间距 3～5 m。

(2) 液氮压注

液氮压注主要分为地面和井下压注两个工艺,地面压注主要通过地面钻孔,钻孔终孔位置位于支架后部 20 m 的位置,共施工 2 个,分别在 30$^\#$ 及 90$^\#$ 支架后部;同时通过 Y272 回风平巷向 Y252 工作面采空区运输平巷距离工作面 5～15 m 的范围施工 5 个钻孔,用于井下压注液氮。

4. 治理效果

成功地对 Y252 工作面封闭区内的火区进行了治理,保证了工作面回收撤架工作的顺利实施。

六、羊场湾煤矿Ⅱ020210 综放工作面 CO 超限防治

1. 工作面概况及 CO 出现经过

Ⅱ020210 综放工作面位于羊场湾煤矿 2 号井田东南部,回采 2$^\#$ 煤层,该煤层平均厚度为 9.3 m,属于易自燃煤层。工作面采用"U"形通风方式,走向长为 1 008 m,倾斜长为 245 m,煤层平均厚度为 9.3 m,工作面采用综合机械化放顶煤方法开采,回采时割煤高度为 3.2 m,放煤高度为 6.1 m,采放比为 1∶1.9。生产期间工作面采空区遗煤较多,为煤氧化自燃提供了物质条件。

在Ⅱ020210 工作面完成铺网准备回撤工作后,在回撤第 5 d,工作面架后出现了较高浓度的 CO 气体,最高达到 0.3%。在对两巷实施封闭后,采取了向采空区长距离打钻压注水溶性防灭火胶体、泡沫阻化剂及液氮等技术措施,同时采取严实密闭及充填地表裂隙等堵漏风措施。由于工作面高温区域未知,且液氮

降温区域较小，且降温后无法长时间对采空区进行惰化，先后启封多次均发生复燃，启封后工作面甚至出现 C_2H_6 和 C_2H_4 有机气体，表明采空区高温区域已经达到裂解温度（100 ℃ 以上）。为了保证工作面的快速启封与回撤工作顺利进行，火区治理需要更为有效、覆盖范围更广的降温、惰化以及封堵措施。

2. CO 超限治理思路

利用 COMSOL 软件对停采回撤期间工作面高温区域分布进行数值模拟研究，再结合现场观测的数据确定工作面的高温点。依据"控漏风、降氧气、消高温、防复燃"的原则，总体的治理思路为：

（1）利用液态 CO_2 汽化吸热降温、覆盖区域大、抑爆炸等特点，采用以液态 CO_2 防灭火技术为主的治理方法。

（2）采用长、短钻孔相结合的方法，对大范围采空区实施惰化，对近工作面区域进行针对性的降温。

（3）在胶带运输巷和轨道运输巷密闭外掘进措施巷，通过措施巷向工作面施工短距离措施孔，通过钻孔压注液态 CO_2，实现工作面自燃区域全覆盖。

3. 治理方法

（1）联络巷长距离钻孔

首先通过现有的联络巷道，向采空区的胶带运输巷和轨道运输巷两侧实施采空区长距离钻孔，该钻孔具有实施时间短，有助于灭火时间的缩短，主要用于对采空区深部端头的降温和惰化，确保火区的治理效果。采空区长距离钻孔参数见表5-1；图5-23为长距离钻孔示意图。

表 5-1　　　　　Ⅱ020210 工作面长距离钻孔参数

钻孔	方位角/(°)	倾斜角/(°)	长度/m	终孔位置
1#	182.1	3.4	112.4	142# 架后 60 m
2#	183.1	4	72.4	142# 架后 20 m
3#	183.1	4	61.3	142# 架后 10 m
4#	166.3	1	65.1	137# 架后 12 m
5#	208.0	12	112	30# 架后 30 m
6#	227.0	16	144	60# 架后 30 m
7#	182.23	1	35	1# 架后尾梁
8#	185.16	2	35	2# 架后尾梁

（2）措施巷钻孔

为了使液态 CO_2 能够准确地注入到关键位置，实现全面覆盖，发挥关键的防灭火作用。在两密闭墙外沿工作面倾斜方向施工措施巷，措施巷与工作面距离15 m，如图5-24 所示。

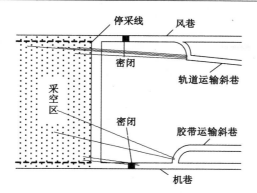

图 5-23 两巷长距离钻孔示意图

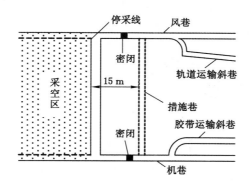

图 5-24 措施巷示意图

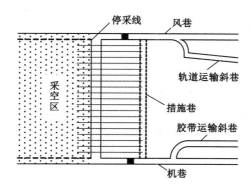

图 5-25 措施巷钻孔示意图

措施巷施工完毕后,采用直接打钻方式通过措施巷对工作面架后 5 m 的位置实施高位钻孔,终孔位置位于工作面支架后尾梁 5～10 m 的范围内,采用长短交替施工的方法,钻孔设计长度分别为 31 m 和 26 m,并成交错式实施。钻孔间隔 6 m 施工 1 个,依据工作面倾斜长,钻孔数量为 41 个,后续工作中,封闭期间共设计钻孔 48 个,有效钻孔 47 个。图 5-25 为措施巷钻孔示意图。通过实施措施巷钻孔,可以较好地对架后煤体进行降温和隔离。

(3)压注液态 CO_2

在措施巷钻孔的基础上,利用地面长距离管路输送液态 CO_2 的方法,将液态 CO_2 输送至 II 020210 工作面密闭前 30 m 处,后将压注管路连接释放管路,将释放管路与钻孔相连,并通过措施孔终孔位置释放,整个工艺流程如图 5-26 所示。

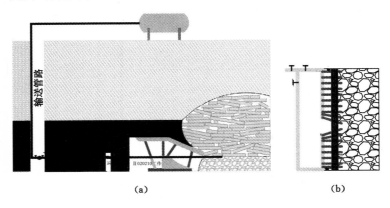

图 5-26 长距离液态 CO_2 压注示意图

(a) II 020210 工作面压注液态 CO_2 剖面图;(b) 措施巷管路钻孔连接示意图

在压注过程中,液态 CO_2 利用自身汽化压力沿管路压入工作面架后高温区域。在工作面第四次封闭期间,采取了措施巷打通后,从 6 月 28 日～7 月 3 日连续 6 d 每天连续灌注 4～8 h,同时由两个钻孔压注,2 h 后依次交替压注。共计压注液态 CO_2 342.6 t。压注期间的主要技术参数如表 5-2 所列。

表 5-2　　　　　　　　　　　　　**主要压注技术参数**

介质	纯度/%	注入压力/MPa	注入流量/(t/h)	初始温度/℃	气化量/(m³/h)	钻孔直径/mm
液态 CO_2	99.9	1.6～2.0	15～20	−15～−25	$9 \times 10^3 \sim 1.2 \times 10^4$	52

4. 治理效果

选取了压注液态 CO_2 前后工作面剩余支架后方钻孔内的 CO 浓度数据分析治理效果,气体数据如图 5-27 所示。

由图 5-27 可知,措施巷施工完毕后,6 月 28 日起液态 CO_2 不断通过钻孔压

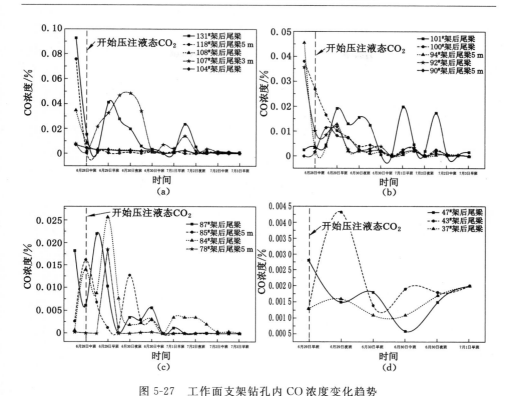

图 5-27　工作面支架钻孔内 CO 浓度变化趋势

(a) 104$^\#$～131$^\#$架范围；(b) 90$^\#$～110$^\#$架范围；(c) 78$^\#$～87$^\#$架范围；(d) 37$^\#$～47$^\#$架范围

注至采空区后，工作面各支架后的 CO 浓度开始显著下降，并且大部分钻孔内 CO 浓度呈持续下降的趋势。在 7 月 1 日后，绝大多数钻孔的 CO 浓度稳定在 0.005％以下。其中少部分出现波动升高现象，可能是由于数据测试误差或气流的推动作用使 CO 浓度短暂性升高所导致的。此外，部分位置在压注期间温度并没有很快下降，但在压注后，随着扩散降温，使得整个工作面后方 3～20 m 的区域温度得到了显著的降低。可见，由于钻孔能够全面地覆盖支架后方的松散煤体，在注入液态 CO_2 后，通过液态 CO_2 气化降温、惰化隔氧的作用，使得火区高温煤体在短时间内迅速降温，CO 浓度逐渐下降，同时相关指标气体浓度迅速降低。

7 月 5 日工作面再一次启封，启封后工作面温度低于 18 ℃，上隅角 CO 浓度低于 0.000 5％。在恢复通风后，对工作面进行撤架，期间工作面各个监测点气体数据稳定，未发生煤体复燃现象，至 7 月底，工作面完成了全部回撤工作。该应用长距离液态 CO_2 直注技术成功治理封闭火区的案例说明了大范围、高密度的压注液态 CO_2 有效地熄灭了煤体自燃、降低了火区温度。能够有效地治理回撤期间工作面煤的自然发火。

本 章 小 结

　　针对采空区煤低温氧化产生 CO 的特点及积聚规律,对不同煤自燃防灭火材料进行了性能对比,提出了能够实现对煤自燃异常区域进行"堵漏、降温"的综合防灭火技术,该技术手段能够实现对采空区 CO 的预防与控制。并针对停采线期间煤自燃灾害极易发生的特点,建立了"三阶段法"超前对采空区松散煤体进行堵漏、降温,预防和控制回收撤面期间采空区 CO 超限事故;并成功将该技术手段和方法应用于枣泉煤矿 12206 和 11201 工作面、羊场湾煤矿 Y162 和 Y252 综放工作面以及该矿区的其他同类灾情,为超长综放开采、大采高开采等高产高效开采方法的实现提供了保障。

附　　录

附录一　煤样自然发火实验测算参数汇总表

附表 1　　　　枣泉煤矿 1# 煤样自然发火实验测算参数汇总表

时间 /d	煤温 /℃	$q_0(T)/[\times 10^{-5}$ J/(cm$^3 \cdot$ s)]	$q_{min}/[\times 10^{-5}$ J/(cm$^3 \cdot$ s)]	$q_{max}/[\times 10^{-5}$ J/(cm$^3 \cdot$ s)]	耗氧速度/[$\times 10^{-11}$ mol/(cm$^3 \cdot$ s)]	CO 产生率/[$\times 10^{-11}$ mol/(cm$^3 \cdot$ s)]	CO$_2$ 产生率/[$\times 10^{-11}$ mol/(cm$^3 \cdot$ s)]
1	25.0	0.77	0.65	2.73	8.150	0.083	0.328
2	26.0	2.85	0.98	3.73	11.063	0.141	0.665
3	27.2	3.41	1.19	4.17	12.284	0.151	0.957
4	28.1	3.37	1.49	4.78	14.002	0.168	1.389
5	29.5	3.84	1.62	4.58	13.239	0.162	1.792
6	31.0	5.00	3.01	8.12	23.392	0.331	3.474
7	32.5	3.03	4.01	11.52	33.378	0.455	4.333
8	34.1	7.68	4.28	15.58	46.001	0.332	3.341
9	36.0	9.69	6.84	18.03	51.771	0.674	8.115
10	38.1	12.20	7.31	24.31	71.307	0.585	6.640
11	40.2	12.43	9.10	25.51	73.742	0.986	10.096
12	43.8	12.96	9.30	30.98	90.882	0.782	8.410
13	47.2	17.50	14.15	35.97	102.843	1.005	11.389
14	50.6	20.66	13.35	37.45	108.183	1.256	14.932
15	54.2	27.84	16.77	39.80	112.954	1.722	21.692
16	59.8	26.94	21.32	47.99	135.228	1.876	28.871
17	66.1	34.19	33.22	61.26	167.781	2.902	50.643
18	73.5	58.42	30.66	77.46	222.017	5.479	36.298
19	84.3	87.20	34.46	89.45	255.959	1.805	42.439
20	96.9	128.96	51.11	132.43	378.866	2.657	63.036

时间 /d	煤温 /℃	$q_0(T)$/[×10⁻⁵ J/(cm³·s)]	q_{min}/[×10⁻⁵ J/(cm³·s)]	q_{max}/[×10⁻⁵ J/(cm³·s)]	耗氧速度/[×10⁻¹¹ mol/(cm³·s)]	CO 产生率/[×10⁻¹¹ mol/(cm³·s)]	CO₂ 产生率/[×10⁻¹¹ mol/(cm³·s)]
21	112.0	208.42	168.33	266.53	709.653	10.153	277.662
22	126.0	277.58	178.18	305.29	825.367	13.172	282.776
22	138.0	378.92	264.98	416.31	1 110.040	28.195	431.113
22	147.0	471.80	379.16	502.33	1 290.260	34.038	659.675
22	159.0	633.85	591.75	794.93	1 252.870	16.611	622.481
22	176.0	1 172.43	819.25	905.43	1 607.270	47.756	924.070

附表 2　　灵新煤矿 15# 煤样自然发火实验测算参数汇总表

时间 /d	煤温 /℃	$q_0(T)$/[×10⁻⁵ J/(cm³·s)]	q_{min}/[×10⁻⁵ J/(cm³·s)]	q_{max}/[×10⁻⁵ J/(cm³·s)]	耗氧速度/[×10⁻¹¹ mol/(cm³·s)]	CO 产生率/[×10⁻¹¹ mol/(cm³·s)]	CO₂ 产生率/[×10⁻¹¹ mol/(cm³·s)]
1	35.6	2.144	1.925	2.219	5.254	0.010	4.159
2	37.0	6.484	2.118	3.155	8.390	1.102	3.469
3	38.4	7.281	1.630	3.220	9.052	1.051	2.145
4	40.0	9.696	2.836	5.881	16.704	2.044	3.446
5	41.7	10.717	3.332	6.338	17.698	2.065	4.559
6	43.3	10.800	4.357	7.501	20.716	3.007	6.130
7	44.9	12.012	5.348	9.006	24.765	3.621	7.672
8	46.7	12.341	5.895	9.013	24.377	4.001	8.890
9	48.6	12.535	5.884	9.392	25.299	3.001	9.375
10	50.7	13.283	5.315	8.640	23.480	3.131	8.099
11	53.8	14.277	6.535	9.955	26.536	3.208	10.732
12	57.2	14.358	7.486	12.260	32.952	3.062	12.306
13	60.7	17.637	9.042	14.054	37.239	3.200	15.576
14	64.2	18.065	8.863	14.885	40.047	3.129	14.737
15	67.7	21.343	10.304	17.303	46.784	4.419	16.590
16	71.3	24.502	14.310	21.853	57.386	4.061	25.543
17	74.6	25.315	18.007	23.578	59.654	5.051	34.083
18	78.5	28.470	19.115	25.715	65.810	6.321	35.178
19	82.6	31.807	23.311	30.673	77.925	7.269	43.540
20	87.1	35.715	26.983	34.645	87.343	8.059	51.064
21	92.8	37.632	29.988	38.354	96.925	10.059	56.054

续附表 2

时间 /d	煤温 /℃	$q_0(T)$/[×10⁻⁵ J/(cm³·s)]	q_{min}/[×10⁻⁵ J/(cm³·s)]	q_{max}/[×10⁻⁵ J/(cm³·s)]	耗氧速度/[×10⁻¹¹ mol/(cm³·s)]	CO产生率/[×10⁻¹¹ mol/(cm³·s)]	CO₂产生率/[×10⁻¹¹ mol/(cm³·s)]
22	99.4	47.457	44.310	51.349	127.743	20.001	81.816
22	110.3	74.055	69.580	80.583	200.700	32.286	127.886
22	123.5	103.456	147.404	232.137	613.598	41.765	259.741
22	136.8	113.714	144.035	275.693	759.311	52.271	222.113
22	148.7	152.078	153.426	342.660	967.400	61.919	208.484
22	160.3	286.964	155.862	389.444	1 118.547	74.687	183.523
22	170.1	535.853	194.795	717.874	2 133.754	81.710	125.418
22	182.4	839.042	214.426	855.055	2 556.476	90.998	105.887
22	194.9	1 312.295	302.769	1 332.927	4 005.316	108.229	102.767
22	211.9	1 597.598	384.162	1 748.819	5 267.024	140.152	100.511

附表 3　　枣泉煤矿 2# 煤样自然发火实验测算参数汇总表

时间 /d	煤温 /℃	$q_0(T)$/[×10⁻⁵ J/(cm³·s)]	q_{min}/[×10⁻⁵ J/(cm³·s)]	q_{max}/[×10⁻⁵ J/(cm³·s)]	耗氧速度/[×10⁻¹¹ mol/(cm³·s)]	CO产生率/[×10⁻¹¹ mol/(cm³·s)]	CO₂产生率/[×10⁻¹¹ mol/(cm³·s)]
1	25.1	0.21	0.14	0.67	1.735	0.010	0.095
2	25.4	0.35	0.17	0.97	2.555	0.019	0.041
3	25.8	0.42	0.29	1.57	4.099	0.043	0.106
4	26.7	0.56	0.22	0.76	0.946	0.020	0.269
5	27.3	0.66	0.23	0.74	1.900	0.068	0.255
6	27.8	0.44	0.19	0.47	1.180	0.022	0.295
7	28.6	0.68	0.26	0.72	0.835	0.021	0.368
8	29.2	0.56	0.24	0.57	1.444	0.047	0.374
9	29.8	0.49	0.31	0.58	1.427	0.054	0.540
10	30.6	0.81	0.33	0.91	2.302	0.029	0.484
11	31	0.48	0.41	0.79	1.957	0.024	0.744
12	31.7	0.79	0.44	0.97	2.411	0.046	0.738
13	32.3	0.65	0.39	1.09	2.755	0.030	0.576
14	33	0.78	0.39	1.14	2.891	0.036	0.544
15	33.7	0.84	0.38	1.00	2.541	0.028	0.581
16	34.3	0.83	0.41	0.96	2.420	0.024	0.665
17	34.9	0.73	0.33	0.95	2.425	0.028	0.454

时间 /d	煤温 /℃	$q_0(T)$/[$\times 10^{-5}$ J/(cm³·s)]	q_{min}/[$\times 10^{-5}$ J/(cm³·s)]	q_{max}/[$\times 10^{-5}$ J/(cm³·s)]	耗氧速度/[$\times 10^{-11}$ mol/(cm³·s)]	CO 产生率/[$\times 10^{-11}$ mol/(cm³·s)]	CO₂ 产生率/[$\times 10^{-11}$ mol/(cm³·s)]
18	37.5	0.61	0.39	0.91	2.269	0.037	0.649
19	36.4	0.85	0.24	1.01	2.612	0.034	0.210
20	40.1	3.25	0.18	0.84	2.194	0.030	0.103
21	41.6	1.52	0.57	1.74	4.438	0.033	0.787
22	42.4	0.82	0.41	1.33	3.416	0.043	0.503
23	43.5	1.21	0.83	1.71	4.244	0.038	1.479
24	44.6	1.22	0.88	1.98	4.942	0.042	1.497
25	45.9	1.44	0.90	2.08	5.207	0.048	1.490
26	47.1	1.39	1.04	2.63	6.634	0.045	1.653
27	48.7	1.80	1.25	3.07	7.717	0.062	2.002
28	50.3	1.83	1.35	3.52	8.888	0.039	2.101
29	52.0	2.23	2.04	5.01	12.598	0.058	3.320
30	53.3	3.12	2.94	7.55	19.037	0.054	4.651
31	56.0	6.20	4.21	8.58	21.256	0.234	7.491
32	57.9	7.74	4.43	8.76	21.642	0.252	7.964
33	60.4	7.72	4.44	10.31	25.840	0.294	7.340
34	64.4	10.65	9.08	20.09	50.122	0.405	15.539
35	70.0	17.46	15.40	33.98	84.765	0.663	26.408
36	77.1	78.68	55.73	134.32	337.351	2.237	91.071
37	82.4	85.53	68.49	147.60	367.364	2.533	119.216
38	88.6	121.12	75.23	153.72	381.352	6.753	131.738
39	96.4	104.71	87.00	177.89	441.414	8.233	152.006
40	105.9	102.94	99.71	188.42	500.788	6.783	187.126
41	114.6	108.25	103.75	202.82	987.35	12.32	175.45
41	125.3	188.71	153.67	657.00	1 706.608	22.273	122.930
41	133.3	362.68	257.84	1 016.93	2 633.293	41.425	238.508
42	154.4	499.06	416.14	1 645.70	4 260.442	56.036	390.407
42	166.3	794.87	612.03	2 233.95	5 764.628	98.280	639.841
42	178.7	1 034.17	661.98	2 124.01	5 449.245	131.656	794.639
42	182.0	1 360.68	939.81	2 892.13	7 395.208	129.748	1 217.16

附表 4　　　　　　梅花井煤矿煤样自然发火实验测算参数汇总表

时间/d	煤温/℃	$\Delta T/\Delta r$/(℃/h)	q_{min}/[×10⁻⁵ J/(cm³·s)]	q_{max}/[×10⁻⁵ J/(cm³·s)]	耗氧速度/[×10⁻¹¹ mol/(cm³·s)]	CO产生率/[×10⁻¹¹ mol/(cm³·s)]	CO₂产生率/[×10⁻¹¹ mol/(cm³·s)]
1	25.2	0.000 0	0.901	3.259	9.091	0.025	0.929
2	27.1	0.079 2	0.992	3.619	10.104	0.041	1.000
3	29.1	0.083 3	1.291	3.688	10.104	0.105	1.729
4	31.2	0.087 5	2.336	9.797	27.627	0.142	1.742
5	33.5	0.088 5	2.911	11.376	31.941	0.194	2.536
6	36.0	0.104 2	3.897	12.162	33.554	0.211	4.823
7	38.9	0.120 8	4.174	12.765	35.167	0.264	5.259
8	42.6	0.142 3	4.886	13.363	36.445	0.354	6.840
9	43.0	0.020 0	5.403	14.183	38.527	0.402	7.826
10	44.3	0.052 0	6.025	15.598	42.299	0.422	8.844
11	47.9	0.163 6	7.652	20.181	54.811	0.458	11.119
12	51.9	0.148 1	9.305	22.435	60.327	0.510	14.510
13	55.7	0.170 8	12.068	26.288	69.823	0.655	20.101
14	59.8	0.165 7	14.597	32.242	85.848	0.987	23.973
15	63.9	0.186 4	22.201	50.158	133.967	1.647	35.852
16	70.2	0.262 5	27.413	67.094	180.880	2.027	41.928
17	77.5	0.304 2	47.128	108.973	291.835	3.379	75.054
18	83.2	0.232 7	60.518	173.149	474.123	3.817	81.653
19	87.0	0.158 3	77.241	269.859	751.283	3.980	82.646
20	95.4	0.350 0	78.699	252.982	699.558	3.814	94.352
21	103.6	0.348 9	92.350	327.510	912.636	4.162	97.019
22.265	126.3	1.061 6	103.927	365.613	1 019.775	9.919	106.867
22.325	130.0	2.581 4	144.353	471.106	1 305.992	12.400	166.080
22.388	140.0	6.593 4	256.640	829.142	2 294.582	15.214	303.862
22.405	150.0	25.000 0	456.668	1 247.534	3 398.620	21.618	647.996
22.412	160.0	60.000 0	718.776	2 075.860	5 686.266	35.682	967.756
22.418	170.0	75.000 0	1 129.316	3 437.209	9 458.743	50.206	1 444.792

附表 5　　　　金凤煤矿煤样自然发火实验测算参数汇总表

时间 /d	煤温 /℃	$\Delta T/\Delta \tau$ /(℃/h)	q_{min}/[$\times 10^{-5}$ J/(cm³·s)]	q_{max}/[$\times 10^{-5}$ J/(cm³·s)]	耗氧速度/[$\times 10^{-11}$ mol/(cm³·s)]	CO产生率/[$\times 10^{-11}$ mol/(cm³·s)]	CO₂产生率/[$\times 10^{-11}$ mol/(cm³·s)]
1	25.0		0.014	0.013	0.031	0.006	0.027
2	25.6	0.023 5	0.050	0.170	0.473	0.008	0.052
3	26.2	0.024 4	0.022	0.048	0.127	0.002	0.037
4	27.0	0.031 7	0.092	0.430	1.225	0.023	0.037
5	27.4	0.018 0	0.368	0.528	1.309	0.035	0.272
6	27.7	0.012 8	0.213	0.643	1.779	0.040	0.254
7	28.2	0.016 6	0.182	0.491	1.340	0.025	0.249
8	28.5	0.016 1	0.101	0.494	1.407	0.007	0.042
9	28.8	0.012 2	0.199	0.591	1.629	0.033	0.244
10	29.3	0.019 8	0.200	0.636	1.762	0.033	0.236
12	29.5	0.004 3	0.261	0.837	2.324	0.050	0.288
13	29.8	0.011 7	0.280	0.811	2.234	0.050	0.350
14	30.1	0.013 0	0.256	0.739	2.035	0.042	0.323
15	30.3	0.008 6	0.268	0.766	2.106	0.043	0.343
16	30.8	0.020 7	0.261	0.773	2.131	0.039	0.324
17	31.6	0.033 7	0.338	0.974	2.681	0.064	0.423
18	32.3	0.029 7	0.363	1.104	3.053	0.069	0.429
20	33.6	0.027 0	0.383	1.070	2.940	0.076	0.491
21	34.4	0.031 6	0.370	1.044	2.868	0.072	0.472
22	34.8	0.019 0	0.367	0.989	2.706	0.066	0.494
23	35.6	0.032 8	0.373	1.110	3.064	0.073	0.450
24	36.5	0.035 1	0.394	1.122	3.084	0.069	0.503
25	37.0	0.021 4	0.437	1.299	3.586	0.085	0.528
26	37.7	0.028 7	0.397	1.025	2.792	0.072	0.553
27	38.4	0.031 3	0.457	1.312	3.605	0.070	0.586
28	39.0	0.023 4	0.468	1.273	3.488	0.089	0.618
29	39.3	0.013 6	0.478	1.285	3.511	0.082	0.647
30	39.8	0.019 6	0.522	1.418	3.882	0.092	0.696
32	41.0	0.025 1	0.595	1.688	4.638	0.108	0.761
33	41.8	0.031 2	0.596	1.588	4.338	0.102	0.813
34	42.8	0.042 0	0.668	1.783	4.872	0.116	0.909

时间 /d	煤温 /℃	$\Delta T/\Delta\tau$ /(℃/h)	q_{min}/[×10⁻⁵ J/(cm³·s)]	q_{max}/[×10⁻⁵ J/(cm³·s)]	耗氧速度/[×10⁻¹¹ mol/(cm³·s)]	CO产生率/[×10⁻¹¹ mol/(cm³·s)]	CO₂产生率/[×10⁻¹¹ mol/(cm³·s)]
35	43.8	0.042 9	0.697	1.772	4.818	0.121	0.987
36	45.1	0.055 2	0.858	2.289	6.253	0.151	1.165
37	46.6	0.061 1	0.867	2.258	6.151	0.145	1.209
38	47.8	0.054 8	1.022	2.870	7.873	0.152	1.341
39	49.5	0.054 7	1.029	2.446	6.604	0.177	1.560
40	51.2	0.089 5	1.081	2.709	7.354	0.185	1.552
41	53.2	0.085 4	0.843	0.499	0.919	0.206	1.901
42	55.5	0.090 8	1.447	3.326	8.940	0.237	2.220
43	57.7	0.099 4	1.707	3.993	10.757	0.286	2.583
44	60.5	0.110 8	2.176	4.895	13.132	0.372	3.376
45	63.2	0.122 2	2.421	5.462	14.647	0.383	3.771
46	67.1	0.156 0	3.292	7.323	19.598	0.497	5.192
47	71.1	0.162 5	5.198	10.651	28.197	0.734	8.646
48	75.5	0.196 1	6.765	13.356	35.164	0.892	11.527
49	81.3	0.222 8	10.965	21.033	55.139	1.405	18.994
50	87.4	0.265 8	14.929	29.221	76.847	1.990	25.538
51	93.0	0.227 6	30.204	52.225	134.704	3.659	55.059
52	96.5	0.151 7	27.103	55.124	145.736	3.640	45.404
53	102.5	0.247 8	30.731	61.702	162.905	4.332	51.702
54	107.8	0.223 8	51.809	100.700	264.797	7.673	88.418
55	120.0	0.438 1	66.346	163.906	444.732	12.845	95.243
55.92	130.0	1.538 5	106.157	251.264	679.316	22.744	155.857
56.04	140.0	3.468 2	201.978	417.687	1 113.830	50.749	318.743
56.09	150.0	7.407 4	234.555	554.584	1 501.288	57.183	339.793
56.12	160.0	12.766 0	264.145	757.430	2 086.449	56.420	327.873
56.15	170.0	18.181 8	349.319	984.335	2 708.686	79.201	438.264

附表 6　　　　　　　　　　　红柳煤矿煤样自然发火实验测算参数汇总表

时间 /d	煤温 /℃	$\Delta T / \Delta \tau$ /(℃/h)	q_{min}/[×10⁻⁵ J/(cm³·s)]	q_{max}/[×10⁻⁵ J/(cm³·s)]	耗氧速度/[×10⁻¹¹ mol/(cm³·s)]	CO产生率/[×10⁻¹¹ mol/(cm³·s)]	CO₂产生率/[×10⁻¹¹ mol/(cm³·s)]
1	25.1		0.718	2.993	8.428	0.009	0.567
2	26.0	0.037 5	1.462	7.367	20.971	0.010	0.584
3	27.1	0.045 8	1.584	7.992	22.751	0.013	0.626
4	28.3	0.050 0	2.037	10.483	29.872	0.013	0.715
5	29.5	0.050 0	2.469	12.920	36.847	0.017	0.769
6	30.8	0.054 2	2.740	14.352	40.934	0.019	0.846
7	32.1	0.054 2	3.042	16.051	45.798	0.023	0.886
8	33.5	0.058 3	3.133	16.442	46.899	0.024	0.951
9	35.2	0.070 8	3.238	16.703	47.606	0.032	1.111
10	37.0	0.075 0	3.242	16.896	48.181	0.034	1.032
11	38.9	0.076 0	3.293	17.099	48.753	0.037	1.075
12	40.9	0.087 0	3.336	17.171	48.934	0.036	1.159
13	43.0	0.087 5	3.395	17.321	49.341	0.044	1.246
14	45.2	0.091 7	3.543	17.650	50.219	0.054	1.487
15	47.8	0.108 3	4.499	19.528	55.124	0.060	3.204
16	51.1	0.137 5	6.380	22.071	61.352	0.175	7.033
17	55.6	0.184 3	8.076	24.515	67.472	0.448	10.301
18	60.4	0.203 5	9.793	27.932	76.448	0.570	13.287
19	66.0	0.233 3	11.158	32.382	88.727	0.503	14.986
20	72.1	0.254 2	17.254	52.454	144.255	0.513	22.280
21	78.3	0.258 3	18.108	54.953	151.097	0.517	23.440
22	84.6	0.262 5	20.519	56.538	154.048	0.616	29.145
23	91.0	0.266 7	21.289	59.990	163.811	0.619	29.648
24	97.6	0.275 0	22.263	61.118	166.524	0.856	31.592
25	104.5	0.287 5	23.921	64.040	174.094	1.088	34.568
26	111.9	0.296 0	26.630	62.806	168.571	1.843	41.895
27	120.0	0.352 2	34.380	85.585	231.308	3.020	51.597
28.07	130.0	0.641 0	48.963	114.455	307.285	4.740	76.552
28.38	140.0	1.318 7	69.035	170.097	460.088	9.003	102.354
28.51	150.0	3.352 0	87.089	217.441	589.735	13.860	126.074
28.55	160.0	10.169 5	166.742	389.216	1 045.426	18.294	259.451
28.57	170.0	21.428 6	321.193	781.102	2 105.556	27.938	490.630

附表 7　　　　清水营煤矿煤样自然发火实验测算参数汇总表

时间 /d	煤温 /℃	$\Delta T/\Delta \tau$ /(℃/h)	q_{min}/[×10⁻⁵ J/(cm³·s)]	q_{max}/[×10⁻⁵ J/(cm³·s)]	耗氧速度/[×10⁻¹¹ mol/(cm³·s)]	CO产生率/[×10⁻¹¹ mol/(cm³·s)]	CO₂产生率/[×10⁻¹¹ mol/(cm³·s)]
1	27.5		2.972	6.245	16.536	0.254	4.990
2	28.4	0.037 5	2.434	4.930	12.987	0.198	4.176
3	29.2	0.033 3	2.827	5.218	13.557	0.213	5.095
4	30.3	0.045 8	2.982	5.613	14.613	0.178	5.355
5	31.5	0.050 0	1.900	3.221	8.243	0.106	3.579
6	32.7	0.050 0	3.327	5.634	14.423	0.207	6.257
7	34.6	0.079 2	4.463	7.908	20.401	0.286	8.226
8	36.7	0.087 5	3.995	6.438	16.337	0.239	7.667
9	38.1	0.058 3	3.586	4.955	12.177	0.159	7.296
10	39.5	0.058 3	5.538	7.885	19.507	0.260	11.151
11	41.5	0.083 3	5.820	7.619	18.491	0.240	12.044
12	44.5	0.125 0	9.330	13.181	32.543	0.386	18.867
13	47.8	0.137 5	12.151	15.485	37.316	0.409	25.403
14	52.9	0.212 5	12.915	20.017	50.388	0.645	25.236
15	58.0	0.212 5	15.902	24.013	60.426	1.728	30.707
16	63.7	0.237 5	18.319	26.435	65.942	2.036	35.901
17	68.8	0.212 5	20.922	28.503	70.161	2.014	41.987
18	74.4	0.233 3	23.647	38.049	96.661	1.884	45.080
19	80.2	0.241 7	25.893	43.040	110.316	3.212	47.933
20	84.5	0.179 2	27.272	44.319	113.301	3.868	50.608
21	86.5	0.083 3	28.011	45.364	115.662	3.173	52.608
22	88.6	0.087 5	28.590	46.015	117.372	3.833	53.412
23	89.8	0.050 0	28.516	46.502	118.682	3.152	53.467
24	91.5	0.070 8	30.819	49.442	125.901	3.660	57.977
25	96.2	0.195 8	32.612	52.518	133.818	3.855	61.273
26	98.5	0.095 8	36.106	56.193	142.343	4.392	68.639
27	102.3	0.158 3	37.136	59.116	150.203	4.005	70.355
28	110.6	0.345 8	41.773	70.546	181.161	4.742	77.134
29	114.5	0.162 5	41.494	92.003	245.734	4.959	66.486
30	120.1	0.233 3	53.211	96.341	250.611	7.465	94.316
30.6	130.4	0.429 2	58.305	120.830	320.666	9.240	95.673

时间 /d	煤温 /℃	$\Delta T/\Delta\tau$ /(℃/h)	$q_{min}/[\times10^{-5}$ J/(cm³·s)]	$q_{max}/[\times10^{-5}$ J/(cm³·s)]	耗氧速度/[$\times10^{-11}$ mol/(cm³·s)]	CO产生率/[$\times10^{-11}$ mol/(cm³·s)]	CO₂产生率/[$\times10^{-11}$ mol/(cm³·s)]
31	140.0	0.400 0	83.470	188.234	504.900	13.656	129.738
31.3	151.6	0.483 3	130.396	258.080	682.318	25.881	215.843
31.6	161.2	0.400 0	183.619	341.250	895.014	38.525	312.558
31.8	170.0	0.366 7	224.077	388.085	1 009.697	55.103	388.657

附表8   石槽村煤矿煤样自然发火实验测算参数汇总表

时间/d	流量 /(m³/h)	煤温/℃	耗氧速度/[$\times10^{-11}$ mol/(cm³·s)]	CO产生率/[$\times10^{-11}$ mol/(cm³·s)]	CO₂产生率/[$\times10^{-11}$ mol/(cm³·s)]
1	0.1	37.8	13.340	0.279	0.295
2	0.1	39.5	9.679	0.161	0.146
3	0.1	41.7	19.395	0.354	3.352
4	0.1	44.5	17.107	0.343	3.795
5	0.1	47.8	37.686	1.040	18.616
6	0.1	50.4	24.331	0.497	5.989
7	0.1	53.8	28.247	0.605	7.296
8	0.1	56.5	32.135	0.677	8.519
9	0.1	60.5	38.335	0.738	10.799
10	0.2	65.5	89.695	1.824	26.326
11	0.2	69.7	89.580	1.956	26.574
12	0.2	77.1	139.573	3.218	47.540
13	0.2	81.8	177.302	3.986	58.687
14	0.3	93.5	313.642	7.592	136.884
15	0.5	97.0	411.098	7.981	106.582
16	0.7	105.5	479.416	10.287	163.327
17	0.8	111.4	505.634	12.127	150.416
17.6	1.0	123.4	577.484	23.309	184.168
18.0	1.0	130.0	550.251	24.673	175.163
18.3	1.2	140.0	850.601	44.805	287.837
18.6	1.4	150.0	1 104.561	62.883	393.984
18.7	1.4	160.0	1 444.552	92.085	572.686
18.8	1.5	170.0	1 779.057	128.341	784.062

附录二　不同浮煤厚度与不同煤温时的下限氧浓度

附表 9　　枣泉煤矿 1# 不同浮煤厚度与不同煤温时的下限氧浓度　　　　　%

温度/℃	$q_0(T)/[\times 10^{-5}$ J/(cm³·s)]	不同浮煤厚度/m										
		0.5	0.55	0.6	0.7	0.8	0.9	1.0	1.2	1.4	1.6	1.8
30	4.23	23.92	20.62	18.04	14.31	11.76	9.93	8.56	6.66	5.42	4.55	3.91
40	8.34	24.24	20.90	18.29	14.50	11.92	10.06	8.67	6.75	5.49	4.61	3.97
50	12.49	24.28	20.93	18.31	14.52	11.94	10.08	8.69	6.76	5.50	4.62	3.97
60	18.71	21.61	18.63	16.30	12.93	10.63	8.97	7.73	6.02	4.90	4.11	3.54
70	28.03	18.04	15.55	13.61	10.79	8.87	7.49	6.45	5.02	4.09	3.43	2.95
80	41.98	14.45	12.46	10.90	8.64	7.10	6.00	5.17	4.02	3.27	2.75	2.36
90	62.89	11.26	9.70	8.49	6.73	5.53	4.67	4.03	3.13	2.55	2.14	1.84
100	94.19	8.59	7.40	6.48	5.14	4.22	3.56	3.07	2.39	1.95	1.63	1.41
110	141.08	6.45	5.56	4.87	3.86	3.17	2.68	2.31	1.80	1.46	1.23	1.06
120	211.31	4.79	4.13	3.61	2.86	2.35	1.99	1.71	1.33	1.08	0.91	0.78
130	316.50	3.51	3.03	2.65	2.10	1.73	1.46	1.26	0.98	0.80	0.67	0.58
140	474.05	2.56	2.21	1.93	1.53	1.26	1.06	0.92	0.71	0.58	0.49	0.42
150	512.31	2.57	2.21	1.94	1.53	1.26	1.07	0.92	0.71	0.58	0.49	0.42
160	665.53	2.13	1.83	1.60	1.27	1.05	0.88	0.76	0.59	0.48	0.40	0.35
170	982.34	1.54	1.33	1.16	0.92	0.76	0.64	0.56	0.43	0.35	0.29	0.25

附表 10　　枣泉煤矿 2# 不同浮煤厚度与不同煤温时的下限氧浓度　　　　　%

温度/℃	$q_0(T)/[\times 10^{-5}$ J/(cm³·s)]	不同浮煤厚度/m										
		0.7	0.8	0.9	1.0	1.2	1.4	1.6	1.8	2.0	3.0	4.0
30	0.72	19.49	15.16	12.17	10.01	7.16	5.41	4.26	3.46	2.88	1.45	0.91
40	1.16	36.30	28.23	22.65	18.63	13.33	10.08	7.94	6.45	5.36	2.70	1.69
50	2.76	25.42	19.77	15.87	13.05	9.34	7.06	5.56	4.52	3.76	1.89	1.19
60	5.67	17.33	13.48	10.81	8.89	6.36	4.81	3.79	3.08	2.56	1.29	0.81
70	15.76	8.01	6.23	5.00	4.11	2.94	2.23	1.75	1.42	1.18	0.60	0.37
80	65.45	2.36	1.83	1.47	1.21	0.87	0.66	0.52	0.42	0.35	0.18	0.11
90	96.70	1.89	1.47	1.18	0.97	0.69	0.52	0.41	0.34	0.28	0.14	0.09

温度/℃	$q_0(T)/[\times 10^{-5}$ J/(cm$^3\cdot$s)]	不同浮煤厚度/m										
		0.7	0.8	0.9	1.0	1.2	1.4	1.6	1.8	2.0	3.0	4.0
100	105.70	1.99	1.55	1.24	1.02	0.73	0.55	0.44	0.35	0.29	0.15	0.09
110	106.50	2.24	1.74	1.40	1.15	0.82	0.62	0.49	0.40	0.33	0.17	0.10
120	134.70	1.98	1.54	1.24	1.02	0.73	0.55	0.43	0.35	0.29	0.15	0.09
130	156.80	1.88	1.46	1.17	0.96	0.69	0.52	0.41	0.33	0.28	0.14	0.09

附表 11　　灵新煤矿15#不同浮煤厚度与不同煤温时的下限氧浓度　　　　%

温度/℃	$q_0(T)/[\times 10^{-5}$ J/(cm$^3\cdot$s)]	不同浮煤厚度/m									
		0.58	0.6	0.7	1.0	1.2	1.4	1.6	1.8	2.0	3.0
30	6.022	13.34	12.67	10.04	6.01	4.67	3.80	3.20	2.75	2.41	1.47
40	8.210	19.57	18.58	14.73	8.81	6.86	5.58	4.69	4.03	3.53	2.16
50	11.194	21.53	20.44	16.21	9.70	7.54	6.14	5.16	4.43	3.88	2.38
60	15.262	21.05	19.99	15.85	9.48	7.38	6.00	5.04	4.34	3.80	2.32
70	20.809	19.30	18.33	14.53	8.69	6.76	5.50	4.62	3.98	3.48	2.13
80	28.371	16.99	16.13	12.79	7.65	5.95	4.84	4.07	3.50	3.07	1.87
90	38.682	14.54	13.80	10.95	6.55	5.09	4.15	3.48	2.99	2.62	1.60
100	52.740	12.18	11.57	9.18	5.49	4.27	3.47	2.92	2.51	2.20	1.34
110	71.907	10.05	9.55	7.57	4.53	3.52	2.87	2.41	2.07	1.81	1.11
120	98.040	8.19	7.78	6.17	3.69	2.87	2.34	1.96	1.69	1.48	0.90
130	133.670	6.61	6.28	4.98	2.98	2.32	1.89	1.58	1.36	1.19	0.73
140	182.249	5.29	5.02	3.98	2.38	1.85	1.51	1.27	1.09	0.95	0.58
150	248.483	4.20	3.99	3.16	1.89	1.47	1.20	1.01	0.87	0.76	0.46
160	338.789	3.32	3.15	2.50	1.50	1.16	0.95	0.80	0.68	0.60	0.37
170	461.913	2.61	2.48	1.96	1.18	0.91	0.74	0.62	0.54	0.47	0.29

附表 12　　梅花井煤矿不同浮煤厚度与不同煤温时的下限氧浓度　　　　%

温度/℃	$q_0(T)/[\times 10^{-5}$ J/(cm$^3\cdot$s)]	不同浮煤厚度/m						
		0.35	0.38	0.4	0.5	0.6	0.7	0.8
30	4.79	11.91	9.83	9.16	5.92	4.15	3.08	2.38
40	7.30	23.85	19.35	18.39	11.93	8.40	6.26	4.85
50	11.12	26.09	21.17	20.12	13.06	9.19	6.85	5.31
60	16.95	24.37	19.45	18.83	12.27	8.68	6.49	5.05

温度/℃	$q_0(T)/[\times 10^{-5}$ $J/(cm^3 \cdot s)]$	不同浮煤厚度/m						
		0.35	0.38	0.4	0.5	0.6	0.7	0.8
70	25.82	21.23	16.42	16.48	10.82	7.71	5.81	4.56
80	39.34	18.10	13.17	14.15	9.43	6.81	5.19	4.12
90	59.93	14.04	10.22	10.98	7.32	5.28	4.03	3.20
100	91.30	10.64	7.74	8.32	5.54	4.00	3.05	2.42
110	139.10	7.91	5.76	6.19	4.12	2.98	2.27	1.80
120	211.91	5.80	4.22	4.54	3.02	2.18	1.67	1.32
130	322.84	4.21	3.06	3.29	2.19	1.58	1.21	0.96
140	491.85	3.03	2.20	2.37	1.58	1.14	0.87	0.69
150	749.32	2.16	1.57	·1.69	1.13	0.81	0.62	0.49
160	1 141.58	1.58	1.11	1.24	0.83	0.60	0.46	0.37
170	1 739.18	1.18	0.79	0.93	0.63	0.46	0.36	0.29

附表 13   金凤煤矿不同浮煤厚度与不同煤温时的下限氧浓度   %

温度/℃	$q_0(T)/[\times 10^{-5}$ $J/(cm^3 \cdot s)]$	不同浮煤厚度/m						
		0.5	0.51	0.6	0.7	0.8	0.9	1.0
30	2.91	9.55	9.19	6.70	4.97	3.84	3.06	2.50
40	4.31	19.32	18.59	13.55	10.05	7.77	6.19	5.06
50	6.40	21.72	20.89	15.23	11.29	8.73	6.96	5.69
60	9.48	20.50	19.73	14.38	10.66	8.24	6.57	5.37
70	14.07	17.78	17.10	12.46	9.24	7.14	5.70	4.66
80	20.86	14.65	14.10	10.27	7.62	5.89	4.70	3.84
90	30.93	11.68	11.23	8.19	6.07	4.69	3.74	3.06
100	45.87	9.52	9.17	6.74	5.04	3.93	3.16	2.60
110	68.01	·7.61	7.34	5.43	4.09	3.21	2.60	2.15
120	100.86	5.99	5.78	4.30	3.26	2.58	2.10	1.75
130	149.56	4.65	4.49	3.36	2.57	2.04	1.67	1.40
140	221.79	3.58	3.45	2.60	1.99	1.59	1.31	1.10
150	328.89	2.72	2.63	1.99	1.53	1.23	1.02	0.86
160	487.71	2.06	1.99	1.51	1.17	0.94	0.78	0.66
170	723.22	1.54	1.49	1.14	0.89	0.72	0.60	0.51

附表 14　　红柳煤矿不同浮煤厚度与不同煤温时的下限氧浓度　　　　%

温度/℃	$q_0(T)/[\times10^{-5}$ J/(cm³·s)]	不同浮煤厚度/m						
		0.35	0.4	0.5	0.6	0.7	0.8	0.9
30	2.41	24.27	18.67	13.06	8.45	6.27	4.84	3.86
40	5.96	29.92	23.07	14.96	10.53	7.84	6.08	4.87
50	9.80	30.33	23.38	15.17	10.68	7.95	6.17	4.93
60	13.53	31.25	24.14	15.73	11.11	8.31	6.47	5.20
70	18.70	29.99	23.26	15.27	10.88	8.19	6.42	5.19
80	24.82	29.31	22.90	15.25	11.00	8.39	6.65	5.44
90	29.46	29.18	22.81	15.19	10.96	8.35	6.62	5.42
100	34.29	28.93	22.61	15.05	10.86	8.28	6.57	5.37
110	39.09	28.76	22.48	14.97	10.80	8.23	6.53	5.34
120	43.74	28.73	22.45	14.95	10.79	8.22	6.52	5.33
130	43.26	26.98	21.08	14.04	10.13	7.72	6.12	5.01
140	69.73	21.03	16.43	10.94	7.90	6.02	4.77	3.90
150	145.26	11.90	9.30	6.19	4.47	3.41	2.70	2.21
160	318.94	5.73	4.50	3.01	2.19	1.68	1.34	1.10
170	666.70	3.13	2.47	1.67	1.23	0.95	0.76	0.63

附表 15　　清水营煤矿不同浮煤厚度与不同煤温时的下限氧浓度　　　　%

温度/℃	$q_0(T)/[\times10^{-5}$ J/(cm³·s)]	不同浮煤厚度/m					
		0.35	0.4	0.49	0.5	0.6	0.7
30	3.98	14.46	11.12	7.36	7.19	5.04	3.74
40	5.45	31.72	24.40	16.14	15.77	11.05	8.19
50	7.45	38.66	29.74	19.67	19.21	13.47	9.99
60	10.19	40.89	31.60	21.07	20.59	14.55	10.88
70	13.93	38.45	29.71	19.81	19.36	13.68	10.23
80	19.05	35.47	27.52	18.49	18.07	12.87	9.69
90	26.05	32.56	25.45	17.33	16.96	12.24	9.33
100	35.63	27.47	21.47	14.62	14.31	10.33	7.87
110	48.72	22.77	17.80	12.12	11.86	8.56	6.53

温度/℃	$q_0(T)/[\times10^{-5}$ J/(cm³·s)]	不同浮煤厚度/m					
		0.35	0.4	0.49	0.5	0.6	0.7
120	66.63	19.15	15.02	10.29	10.07	7.31	5.61
130	91.11	15.92	12.53	8.63	8.45	6.17	4.75
140	124.60	13.10	10.34	7.16	7.01	5.15	3.98
150	170.39	10.70	8.46	5.89	5.77	4.25	3.31
160	233.01	8.67	6.88	4.81	4.71	3.49	2.72
170	318.65	7.68	6.16	4.39	4.31	3.25	2.57

附表 16　　石槽村煤矿不同浮煤厚度与不同煤温时的下限氧浓度　　　%

温度/℃	$q_0(T)/[\times10^{-5}$ J/(cm³·s)]	不同浮煤厚度/m						
		0.35	0.4	0.41	0.5	0.6	0.7	0.8
30	6.61	8.96	6.89	6.358	4.45	3.12	2.31	1.79
40	8.41	21.12	16.25	14.990	10.49	7.35	5.45	4.21
50	10.71	27.66	21.28	19.633	13.74	9.63	7.14	5.51
60	13.63	31.42	24.27	21.600	15.81	11.17	8.35	6.50
70	17.34	31.74	24.52	21.824	15.97	11.28	8.43	6.56
80	22.06	30.49	23.55	20.961	15.34	10.84	8.10	6.30
90	28.08	29.20	22.65	19.467	14.87	10.58	7.96	6.24
100	35.73	28.08	21.94	17.652	14.60	10.53	8.02	6.36
110	45.47	27.16	21.42	15.721	14.51	10.63	8.22	6.61
120	57.86	25.11	19.91	13.808	13.62	10.07	7.85	6.35
130	73.62	21.81	17.29	11.993	11.83	8.75	6.82	5.52
140	93.69	19.71	15.70	10.322	10.84	8.08	6.34	5.16
150	119.22	17.64	14.12	8.817	9.82	7.37	5.81	4.76
160	151.71	14.97	11.98	7.483	8.33	6.25	4.93	4.04
170	193.05	12.92	10.36	6.316	7.24	5.44	4.31	3.53

附录三　不同浮煤厚度与不同煤温的上限漏风强度

附表 17　枣泉煤矿 1# 不同浮煤厚度和不同温度时的上限漏风强度

$\times 10^{-2}$ cm^3/(cm$^2 \cdot$ s)

温度/℃	$q_0(T)/[\times 10^{-5}$ J/(cm$^3 \cdot$ s)]	不同浮煤厚度/m									
		0.5	0.55	0.6	0.7	0.8	1.0	1.2	1.4	1.6	1.8
30	4.23	0.029	0.042	0.054	0.076	0.097	0.136	0.173	0.209	0.244	0.279
40	8.34	0.027	0.040	0.052	0.075	0.096	0.134	0.171	0.206	0.241	0.275
50	12.49	0.027	0.040	0.052	0.075	0.095	0.134	0.171	0.206	0.240	0.274
60	18.71	0.037	0.051	0.064	0.088	0.111	0.154	0.194	0.234	0.272	0.310
70	28.03	0.055	0.071	0.086	0.113	0.140	0.190	0.237	0.284	0.329	0.374
80	41.98	0.082	0.100	0.118	0.151	0.183	0.243	0.302	0.359	0.415	0.471
90	62.89	0.120	0.142	0.164	0.205	0.244	0.320	0.393	0.466	0.537	0.608
100	94.19	0.174	0.201	0.228	0.280	0.330	0.427	0.522	0.616	0.709	0.802
110	141.08	0.249	0.284	0.318	0.385	0.450	0.578	0.703	0.827	0.950	1.073
120	211.31	0.354	0.400	0.444	0.532	0.618	0.788	0.955	1.121	1.286	1.451
130	316.50	0.501	0.562	0.621	0.738	0.854	1.082	1.308	1.533	1.757	1.981
140	474.05	0.708	0.789	0.869	1.028	1.185	1.496	1.805	2.112	2.419	2.725
150	512.31	0.706	0.787	0.867	1.025	1.182	1.492	1.800	2.107	2.413	2.719
160	665.53	0.863	0.959	1.055	1.245	1.432	1.805	2.176	2.546	2.914	3.283
170	982.34	1.209	1.340	1.470	1.729	1.986	2.497	3.006	3.514	4.021	4.528

附表 18　枣泉煤矿 2# 不同浮煤厚度和不同温度时的上限漏风强度

$\times 10^{-2}$ cm^3/(cm$^2 \cdot$ s)

温度/℃	$q_0(T)/[\times 10^{-5}$ J/(cm$^3 \cdot$ s)]	不同浮煤厚度/m									
		0.7	0.8	0.9	1.0	1.2	1.4	1.6	1.8	2.0	3.0	4.0
30	0.72	0.007	0.016	0.022	0.033	0.048	0.062	0.075	0.087	0.100	0.159	0.216
40	1.16	−0.011	−0.004	−0.001	0.007	0.017	0.026	0.034	0.041	0.048	0.082	0.114
50	2.76	−0.002	0.006	0.010	0.020	0.032	0.043	0.054	0.064	0.074	0.120	0.165

温度/℃	$q_0(T)/[\times10^{-5}$ J/(cm³·s)]	不同浮煤厚度/m										
		0.7	0.8	0.9	1.0	1.2	1.4	1.6	1.8	2.0	3.0	4.0
60	5.67	0.012	0.022	0.028	0.040	0.056	0.071	0.086	0.100	0.114	0.180	0.244
70	15.76	0.062	0.080	0.093	0.112	0.143	0.173	0.202	0.230	0.259	0.397	0.534
80	65.45	0.289	0.339	0.385	0.436	0.532	0.626	0.720	0.813	0.906	1.368	1.829
90	96.70	0.369	0.431	0.488	0.551	0.669	0.787	0.903	1.019	1.135	1.712	2.287
100	105.70	0.348	0.406	0.461	0.521	0.633	0.744	0.855	0.965	1.075	1.622	2.167
110	106.50	0.306	0.358	0.406	0.460	0.561	0.660	0.758	0.857	0.954	1.441	1.926
120	134.70	0.350	0.409	0.464	0.524	0.637	0.749	0.860	0.971	1.082	1.632	2.180
130	156.80	0.371	0.432	0.490	0.553	0.672	0.790	0.907	1.023	1.140	1.719	2.296

附表 19　灵新煤矿 15# 不同浮煤厚度和不同温度时的上限漏风强度

$\times10^{-2}$ cm³/(cm²·s)

温度/℃	$q_0(T)/[\times10^{-5}$ J/(cm³·s)]	不同浮煤厚度/m								
		0.58	0.6	0.7	1.0	1.2	1.4	1.6	1.8	2.0
30	6.022	0.089	0.095	0.125	0.206	0.256	0.306	0.355	0.403	0.451
40	8.210	0.046	0.051	0.073	0.132	0.168	0.203	0.237	0.270	0.303
50	11.194	0.038	0.042	0.063	0.117	0.151	0.182	0.214	0.244	0.274
60	15.262	0.040	0.044	0.065	0.121	0.154	0.187	0.219	0.250	0.281
70	20.809	0.047	0.052	0.074	0.134	0.170	0.206	0.240	0.274	0.308
80	28.371	0.060	0.065	0.090	0.156	0.197	0.236	0.275	0.313	0.351
90	38.682	0.078	0.084	0.111	0.186	0.233	0.279	0.324	0.369	0.413
100	52.740	0.102	0.108	0.140	0.228	0.283	0.337	0.390	0.443	0.495
110	71.907	0.133	0.141	0.178	0.281	0.347	0.412	0.476	0.539	0.603
120	98.040	0.174	0.183	0.227	0.351	0.431	0.510	0.588	0.665	0.742
130	133.670	0.226	0.237	0.290	0.442	0.540	0.637	0.733	0.828	0.923
140	182.249	0.294	0.307	0.372	0.559	0.680	0.800	0.920	1.039	1.157
150	248.483	0.382	0.398	0.478	0.710	0.862	1.012	1.162	1.311	1.460
160	338.789	0.495	0.515	0.615	0.906	1.097	1.287	1.475	1.664	1.852
170	461.913	0.643	0.668	0.793	1.160	1.402	1.642	1.882	2.121	2.360

附表 20　梅花井煤矿不同浮煤厚度和不同温度时的上限漏风强度

$\times 10^{-2}\ cm^3/(cm^2 \cdot s)$

温度/℃	$q_0(T)/[\times 10^{-5}$ $J/(cm^3 \cdot s)]$	不同浮煤厚度/m						
		0.35	0.38	0.4	0.5	0.6	0.7	0.8
30	4.79	0.058	0.075	0.086	0.135	0.180	0.223	0.264
40	7.30	−0.005	0.006	0.013	0.044	0.071	0.096	0.119
50	11.12	−0.011	0.000	0.006	0.036	0.061	0.085	0.106
60	16.95	−0.006	0.005	0.012	0.044	0.071	0.095	0.118
70	25.82	0.006	0.019	0.026	0.061	0.091	0.119	0.146
80	39.34	0.025	0.039	0.048	0.088	0.124	0.157	0.189
90	59.93	0.053	0.070	0.080	0.128	0.172	0.213	0.253
100	91.30	0.093	0.113	0.125	0.185	0.240	0.293	0.344
110	139.10	0.150	0.174	0.190	0.266	0.337	0.406	0.473
120	211.91	0.230	0.261	0.282	0.380	0.474	0.566	0.657
130	322.84	0.344	0.385	0.412	0.543	0.669	0.794	0.917
140	491.85	0.506	0.561	0.597	0.774	0.947	1.118	1.287
150	749.32	0.737	0.812	0.862	1.105	1.345	1.581	1.817
160	1 141.58	1.069	1.173	1.241	1.580	1.914	2.245	2.576
170	1 739.18	1.547	1.691	1.787	2.261	2.732	3.200	3.667

附表 21　金凤煤矿不同浮煤厚度和不同温度时的上限漏风强度

$\times 10^{-2}\ cm^3/(cm^2 \cdot s)$

温度/℃	$q_0(T)/[\times 10^{-5}$ $J/(cm^3 \cdot s)]$	不同浮煤厚度/m							
		0.4	0.5	0.51	0.6	0.7	0.8	0.9	1
30	2.91	0.029	0.063	0.070	0.094	0.122	0.149	0.175	0.200
40	4.31	−0.016	0.007	0.012	0.026	0.043	0.058	0.073	0.086
50	6.40	−0.021	0.001	0.006	0.019	0.034	0.048	0.062	0.074
60	9.48	−0.019	0.004	0.009	0.022	0.038	0.053	0.067	0.080
70	14.07	−0.013	0.012	0.017	0.032	0.050	0.066	0.081	0.096
80	20.86	−0.002	0.024	0.030	0.047	0.068	0.087	0.105	0.122
90	30.93	0.013	0.043	0.049	0.069	0.094	0.116	0.138	0.159
100	45.87	0.033	0.069	0.076	0.101	0.130	0.158	0.185	0.211
110	68.01	0.063	0.106	0.113	0.144	0.181	0.216	0.250	0.284
120	100.86	0.103	0.156	0.165	0.205	0.252	0.297	0.341	0.385

温度/℃	$q_0(T)/[\times 10^{-5}$ J/(cm³·s)]	不同浮煤厚度/m							
		0.4	0.5	0.51	0.6	0.7	0.8	0.9	1
130	149.56	0.159	0.226	0.236	0.289	0.349	0.409	0.467	0.525
140	221.79	0.236	0.323	0.335	0.405	0.485	0.564	0.642	0.719
150	328.89	0.345	0.458	0.473	0.568	0.675	0.781	0.885	0.990
160	487.71	0.496	0.647	0.666	0.795	0.940	1.083	1.226	1.368
170	723.22	0.708	0.912	0.936	1.113	1.311	1.507	1.703	1.898

附表 22　红柳煤矿不同浮煤厚度和不同温度时的上限漏风强度

$\times 10^{-2}$ cm³/(cm²·s)

温度/℃	$q_0(T)/[\times 10^{-5}$ J/(cm³·s)]	不同浮煤厚度/m						
		0.35	0.4	0.5	0.6	0.7	0.8	0.9
30	2.41	−0.008	0.011	0.042	0.069	0.094	0.117	0.139
40	5.96	−0.019	−0.002	0.026	0.049	0.071	0.091	0.109
50	9.80	−0.020	−0.003	0.025	0.048	0.069	0.089	0.108
60	13.53	−0.021	−0.004	0.023	0.047	0.068	0.087	0.106
70	18.70	−0.017	0.000	0.029	0.054	0.076	0.096	0.116
80	24.82	−0.012	0.006	0.036	0.062	0.085	0.107	0.128
90	29.46	−0.012	0.006	0.036	0.062	0.086	0.108	0.129
100	34.29	−0.011	0.007	0.037	0.063	0.087	0.109	0.130
110	39.09	−0.011	0.007	0.038	0.064	0.088	0.110	0.131
120	43.74	−0.011	0.007	0.038	0.064	0.088	0.110	0.131
130	43.26	−0.017	0.000	0.028	0.053	0.075	0.095	0.115
140	69.73	0.009	0.030	0.066	0.098	0.127	0.155	0.182
150	145.26	0.084	0.115	0.173	0.226	0.277	0.326	0.375
160	318.94	0.246	0.300	0.404	0.504	0.601	0.696	0.791
170	666.70	0.547	0.645	0.835	1.021	1.204	1.386	1.566

附表 23　清水营煤矿不同浮煤厚度和不同温度时的上限漏风强度

$\times 10^{-2}$ cm³/(cm²·s)

温度/℃	$q_0(T)/[\times 10^{-5}$ J/(cm³·s)]	不同浮煤厚度/m					
		0.35	0.4/m	0.494	0.5	0.6	0.7	0.8
30	3.98	0.036	0.060	0.101	0.103	0.142	0.179	0.214

温度/℃	$q_0(T)/[\times10^{-5}$ J/(cm³·s)]	不同浮煤厚度/m						
		0.35	0.4/m	0.494	0.5	0.6	0.7	0.8
40	5.45	−0.023	−0.007	0.018	0.020	0.042	0.062	0.081
50	7.45	−0.032	−0.017	0.006	0.007	0.027	0.045	0.060
60	10.19	−0.032	−0.018	0.005	0.006	0.025	0.043	0.058
70	13.93	−0.030	−0.015	0.008	0.009	0.030	0.048	0.064
80	19.05	−0.025	−0.009	0.015	0.017	0.038	0.058	0.075
90	26.05	−0.018	−0.001	0.025	0.027	0.051	0.072	0.092
100	35.63	−0.008	0.010	0.040	0.041	0.068	0.092	0.115
110	48.72	0.006	0.026	0.058	0.060	0.091	0.119	0.145
120	66.63	0.023	0.045	0.083	0.085	0.120	0.153	0.185
130	91.11	0.045	0.071	0.114	0.117	0.159	0.198	0.236
140	124.60	0.074	0.104	0.155	0.159	0.209	0.256	0.303
150	170.39	0.112	0.147	0.209	0.212	0.273	0.332	0.389
160	233.01	0.161	0.203	0.278	0.282	0.357	0.430	0.501
170	318.65	0.225	0.276	0.368	0.373	0.466	0.557	0.646

附表 24　石槽村煤矿不同浮煤厚度和不同温度时的上限漏风强度

$\times10^{-2}$ cm³/(cm²·s)

温度/℃	$q_0(T)/[\times10^{-5}$ J/(cm³·s)]	不同浮煤厚度/m						
		0.35	0.4	0.41	0.5	0.6	0.7	0.8
30	6.61	0.105	0.139	0.146	0.203	0.263	0.320	0.375
40	8.41	0.002	0.022	0.026	0.056	0.087	0.114	0.141
50	10.71	−0.016	0.001	0.005	0.031	0.056	0.079	0.100
60	13.63	−0.021	−0.005	−0.002	0.023	0.047	0.068	0.088
70	17.34	−0.022	−0.005	−0.002	0.023	0.046	0.067	0.086
80	22.06	−0.020	−0.003	0.000	0.026	0.050	0.071	0.091
90	28.08	−0.016	0.002	0.005	0.032	0.057	0.080	0.101
100	35.73	−0.010	0.009	0.012	0.040	0.067	0.092	0.115
110	45.47	−0.002	0.018	0.021	0.051	0.081	0.107	0.133
120	57.86	0.008	0.029	0.033	0.066	0.098	0.127	0.155
130	73.62	0.021	0.043	0.048	0.083	0.119	0.152	0.184

温度/℃	$q_0(T)/[\times 10^{-5}$ $J/(cm^3 \cdot s)]$	不同浮煤厚度/m						
		0.35	0.4	0.41	0.5	0.6	0.7	0.8
140	93.69	0.036	0.061	0.066	0.105	0.145	0.183	0.219
150	119.22	0.055	0.082	0.088	0.132	0.177	0.220	0.262
160	151.71	0.078	0.109	0.115	0.165	0.217	0.266	0.314
170	193.05	0.106	0.141	0.147	0.205	0.265	0.322	0.378

附录四　不同温度和不同漏风强度的极限浮煤厚度

附表 25　　枣泉煤矿 1# 不同温度和不同漏风强度时的极限浮煤厚度　　　　cm

温度/℃	$q_0(T)/[\times 10^{-5}$ $J/(cm^3 \cdot s)]$	不同漏风强度/$[cm^3/(cm^2 \cdot s)]$									
		0.005	0.01	0.015	0.02	0.03	0.04	0.05	0.06	0.08	0.20
30	4.23	41.81	43.43	45.11	46.85	50.49	54.35	58.42	62.68	71.70	134.8
40	8.34	42.10	43.75	45.45	47.21	50.91	54.83	58.95	63.27	72.44	136.5
50	12.49	42.13	43.78	45.49	47.25	50.96	54.88	59.01	63.34	72.52	136.7
60	18.71	39.67	41.13	42.64	44.20	47.47	50.92	54.56	58.36	66.41	122.8
70	28.03	36.12	37.34	38.59	39.88	42.57	45.41	48.39	51.49	58.07	104.3
80	41.98	32.22	33.19	34.19	35.21	37.34	39.57	41.90	44.33	49.45	85.60
90	62.89	28.34	29.09	29.86	30.65	32.28	33.98	35.76	37.60	41.48	68.84
100	94.19	24.67	25.24	25.83	26.42	27.65	28.92	30.25	31.62	34.49	54.71
110	141.08	21.32	21.74	22.18	22.62	23.53	24.47	25.44	26.45	28.55	43.22
120	211.31	18.31	18.63	18.95	19.27	19.94	20.62	21.33	22.06	23.57	34.07
130	316.50	15.65	15.88	16.12	16.35	16.84	17.34	17.85	18.37	19.45	26.89
140	474.05	13.33	13.50	13.67	13.84	14.19	14.54	14.91	15.28	16.05	21.28
150	512.31	13.35	13.51	13.68	13.86	14.21	14.56	14.93	15.30	16.08	21.32
160	665.53	12.14	12.28	12.42	12.56	12.85	13.14	13.44	13.75	14.38	18.64
170	982.34	10.32	10.43	10.53	10.63	10.84	11.05	11.26	11.48	11.93	14.93

附表 26　枣泉煤矿 2# 不同温度和不同漏风强度时的极限浮煤厚度　　　　cm

温度/℃	$q_0(T)/[\times 10^{-5}$ J/(cm³·s)]	不同漏风强度/[cm³/(cm²·s)]									
		0.005	0.01	0.015	0.02	0.03	0.04	0.05	0.06	0.08	0.20
30	0.72	68.25	73.23	78.52	84.11	96.13	109.14	122.98	137.53	168.21	371.31
40	1.16	95.57	105.16	115.52	126.6	150.65	176.81	204.59	233.58	294.06	682.17
50	2.76	78.74	85.32	92.36	99.84	115.99	133.52	152.19	171.74	212.83	481.08
60	5.67	64.09	68.49	73.16	78.07	88.62	100.01	112.14	124.89	151.82	331.23
70	15.76	42.67	44.65	46.71	48.85	53.38	58.20	63.31	68.67	80.05	158.67
80	65.45	22.67	23.24	23.82	24.41	25.63	26.91	28.23	29.61	32.50	52.87
90	96.70	20.22	20.67	21.13	21.60	22.57	23.58	24.62	25.70	27.96	43.82
100	105.70	20.79	21.27	21.75	22.25	23.27	24.34	25.44	26.59	28.98	45.84
110	106.50	22.08	22.62	23.17	23.73	24.89	26.09	27.35	28.65	31.38	50.61
120	134.70	20.73	21.20	21.68	22.18	23.20	24.25	25.35	26.49	28.87	45.61

附表 27　灵新煤矿 15# 不同温度和不同漏风强度时的极限浮煤厚度　　　　cm

温度/℃	$q_0(T)/[\times 10^{-5}$ J/(cm³·s)]	不同漏风强度/[cm³/(cm²·s)]									
		0.005	0.01	0.015	0.02	0.03	0.04	0.05	0.06	0.08	0.20
30	6.022	34.82	35.94	37.11	38.30	40.80	43.42	46.17	49.04	55.11	97.81
40	8.210	42.45	44.12	45.86	47.65	51.41	55.40	59.60	63.99	73.32	138.5
50	11.194	44.61	46.46	48.37	50.35	54.52	58.95	63.62	68.51	78.90	151.2
60	15.262	44.10	45.90	47.77	49.71	53.78	58.10	62.65	67.42	77.55	148.1
70	20.809	42.15	43.80	45.51	47.27	50.98	54.91	59.04	63.37	72.56	136.7
80	28.371	39.45	40.90	42.39	43.94	47.17	50.58	54.17	57.93	65.88	121.7
90	38.682	36.39	37.63	38.90	40.21	42.94	45.82	48.85	52.00	58.68	105.6
100	52.740	33.23	34.26	35.32	36.40	38.67	41.05	43.54	46.13	51.61	90.24
110	71.907	30.10	30.94	31.81	32.70	34.55	36.48	38.50	40.60	45.02	76.21
120	98.040	27.10	27.78	28.49	29.21	30.69	32.25	33.86	35.54	39.06	63.87
130	133.670	24.28	24.83	25.39	25.97	27.16	28.39	29.67	30.99	33.77	53.29
140	182.249	21.66	22.10	22.55	23.01	23.95	24.92	25.93	26.97	29.14	44.34
150	248.483	19.27	19.62	19.97	20.33	21.07	21.84	22.62	23.43	25.12	36.87
160	338.789	17.09	17.37	17.64	17.93	18.51	19.10	19.71	20.34	21.65	30.67
170	461.913	15.12	15.34	15.56	15.78	16.23	16.69	17.17	17.65	18.66	25.56

附表 28　　梅花井煤矿不同温度和不同漏风强度时的极限浮煤厚度　　　　cm

温度 /℃	$q_0(T)/[\times 10^{-5}$ $J/(cm^3 \cdot s)]$	不同漏风强度/[$cm^3/(cm^2 \cdot s)$]								
		0.0004	0.01	0.015	0.02	0.03	0.04	0.05	0.06	0.08
30	4.79	25.97	27.30	28.03	28.76	30.29	31.89	33.55	35.28	38.91
40	7.30	36.47	39.13	40.58	42.09	45.23	48.56	52.06	55.72	63.48
50	11.12	38.15	41.06	42.66	44.31	47.78	51.45	55.31	59.36	67.95
60	16.95	36.57	39.24	40.70	42.21	45.38	48.72	52.24	55.93	63.73
70	25.82	33.59	35.83	37.06	38.32	40.96	43.74	46.66	49.71	56.16
80	39.34	30.08	31.87	32.85	33.85	35.93	38.12	40.41	42.80	47.84
90	59.93	26.48	27.87	28.62	29.39	30.98	32.65	34.38	36.19	39.98
100	91.30	23.04	24.09	24.65	25.23	26.42	27.65	28.94	30.26	33.05
110	139.10	19.87	20.64	21.06	21.48	22.36	23.26	24.19	25.15	27.17
120	211.91	17.01	17.58	17.88	18.19	18.82	19.47	20.14	20.83	22.27
130	322.84	14.49	14.90	15.12	15.34	15.79	16.26	16.73	17.22	18.23
140	491.85	12.28	12.58	12.73	12.89	13.21	13.54	13.88	14.22	14.93
150	749.32	10.37	10.58	10.69	10.81	11.03	11.27	11.50	11.74	12.24
160	1 141.58	8.73	8.88	8.96	9.04	9.20	9.36	9.53	9.69	10.04
170	1 739.18	7.33	7.44	7.49	7.55	7.66	7.77	7.89	8.00	8.24

附表 29　　金凤煤矿不同温度和不同漏风强度时的极限浮煤厚度　　　　cm

温度 /℃	$q_0(T)/[\times 10^{-5}$ $J/(cm^3 \cdot s)]$	不同漏风强度/[$cm^3/(cm^2 \cdot s)$]								
		0.000 4	0.01	0.015	0.02	0.03	0.04	0.05	0.06	0.08
30	2.91	32.99	35.20	36.41	37.66	40.26	43.01	45.89	48.90	55.27
40	4.31	46.97	51.52	54.05	56.68	62.25	68.20	74.51	81.13	95.20
50	6.40	49.81	54.94	57.79	60.78	67.10	73.88	81.07	88.62	104.66
60	9.48	48.39	53.22	55.91	58.72	64.66	71.02	77.76	84.84	99.87
70	14.07	45.05	49.22	51.54	53.94	59.03	64.46	70.20	76.24	89.04
80	20.86	40.88	44.31	46.20	48.16	52.28	56.67	61.30	66.15	76.46
90	30.93	36.48	39.20	40.69	42.23	45.46	48.88	52.48	56.25	64.23
100	45.87	32.17	34.28	35.43	36.61	39.08	41.68	44.40	47.25	53.27
110	68.01	28.12	29.72	30.59	31.48	33.33	35.28	37.31	39.42	43.88
120	100.86	24.40	25.60	26.25	26.92	28.29	29.73	31.22	32.77	36.02
130	149.56	21.06	21.95	22.43	22.92	23.93	24.98	26.07	27.19	29.54
140	221.79	18.09	18.75	19.11	19.46	20.20	20.96	21.74	22.55	24.23

续附表 29

温度 /℃	$q_0(T)/[\times10^{-5}$ J/(cm³·s)]	不同漏风强度/[cm³/(cm²·s)]								
		0.000 4	0.01	0.015	0.02	0.03	0.04	0.05	0.06	0.08
150	328.89	15.49	15.97	16.23	16.49	17.02	17.57	18.13	18.71	19.91
160	487.71	13.22	13.57	13.75	13.94	14.32	14.72	15.12	15.53	16.38
170	723.22	11.25	11.50	11.63	11.77	12.04	12.32	12.61	12.90	13.51

附表 30　　红柳煤矿不同温度和不同漏风强度时的极限浮煤厚度　　　　cm

温度 /℃	$q_0(T)/[\times10^{-5}$ J/(cm³·s)]	不同漏风强度/[cm³/(cm²·s)]								
		0.000 4	0.01	0.015	0.02	0.03	0.04	0.05	0.06	0.08
30	2.41	37.11	39.80	41.26	42.78	45.95	49.31	52.84	56.53	64.35
40	5.96	40.89	44.15	45.95	47.81	51.72	55.86	60.23	64.82	74.54
50	9.80	41.17	44.48	46.30	48.18	52.15	56.36	60.80	65.45	75.32
60	13.53	41.46	44.81	46.66	48.58	52.60	56.87	61.38	66.11	76.13
70	18.70	39.98	43.10	44.81	46.59	50.31	54.25	58.41	62.77	72.01
80	24.82	38.36	41.23	42.80	44.42	47.83	51.44	55.23	59.21	67.63
90	29.46	38.28	41.13	42.70	44.31	47.69	51.29	55.07	59.03	67.41
100	34.29	38.11	40.94	42.49	44.09	47.45	51.01	54.75	58.66	66.97
110	39.09	38.00	40.81	42.35	43.95	47.28	50.82	54.53	58.42	66.67
120	43.74	37.98	40.79	42.33	43.92	47.25	50.78	54.49	58.38	66.61
130	43.26	40.15	43.30	45.03	46.82	50.57	54.56	58.76	63.16	72.49
140	69.73	33.08	35.20	36.36	37.55	40.03	42.65	45.38	48.24	54.29
150	145.26	23.88	24.98	25.57	26.17	27.42	28.71	30.06	31.46	34.38
160	318.94	16.74	17.27	17.56	17.85	18.44	19.06	19.68	20.33	21.68
170	666.70	11.99	12.27	12.41	12.56	12.86	13.16	13.48	13.79	14.45

附表 31　　清水营煤矿不同温度和不同漏风强度时的极限浮煤厚度　　　　cm

温度 /℃	$q_0(T)/[\times10^{-5}$ J/(cm³·s)]	不同漏风强度/[cm³/(cm²·s)]								
		0.000 4	0.01	0.015	0.02	0.03	0.04	0.05	0.06	0.08
30	3.98	28.62	30.23	31.11	32.00	33.86	35.81	37.84	39.96	44.42
40	5.45	42.44	46.02	48.00	50.04	54.35	58.94	63.78	68.86	79.64
50	7.45	46.87	51.25	53.68	56.21	61.55	67.26	73.30	79.64	93.10
60	10.19	47.43	51.91	54.40	57.00	62.48	68.33	74.53	81.04	94.86
70	13.93	45.98	50.19	52.53	54.96	60.08	65.55	71.33	77.41	90.30

温度 /℃	$q_0(T)$/[$\times 10^{-5}$ J/(cm³·s)]	不同漏风强度/[cm³/(cm²·s)]								
		0.000 4	0.01	0.015	0.02	0.03	0.04	0.05	0.06	0.08
80	19.05	43.46	47.22	49.29	51.44	55.98	60.81	65.92	71.27	82.64
90	26.05	40.39	43.63	45.41	47.25	51.13	55.24	59.58	64.13	73.77
100	35.63	37.09	39.81	41.31	42.85	46.07	49.49	53.08	56.84	64.81
110	48.72	33.76	36.01	37.23	38.50	41.14	43.92	46.84	49.89	56.34
120	66.63	30.51	32.34	33.34	34.36	36.49	38.72	41.06	43.50	48.65
130	91.11	27.42	28.90	29.70	30.52	32.21	33.99	35.84	37.77	41.83
140	124.60	24.54	25.71	26.35	27.00	28.34	29.74	31.20	32.71	35.88
150	170.39	21.87	22.80	23.31	23.82	24.87	25.97	27.10	28.28	30.74
160	233.01	19.43	20.17	20.56	20.96	21.79	22.64	23.52	24.43	26.33
170	318.65	17.22	17.79	18.10	18.42	19.06	19.72	20.40	21.10	22.55

附表 32　石槽村煤矿不同温度和不同漏风强度时的极限浮煤厚度　　　　cm

温度 /℃	$q_0(T)$/[$\times 10^{-5}$ J/(cm³·s)]	不同漏风强度/[cm³/(cm²·s)]								
		0.000 4	0.01	0.015	0.02	0.03	0.04	0.05	0.06	0.08
30	6.61	22.53	23.49	24.01	24.54	25.62	26.75	27.92	29.13	31.67
40	8.41	34.62	36.92	38.17	39.46	42.16	45.00	47.98	51.09	57.68
50	10.71	39.64	42.66	44.32	46.04	49.64	53.45	57.47	61.67	70.59
60	13.63	41.58	44.92	46.75	48.65	52.64	56.87	61.34	66.02	75.95
70	17.34	41.80	45.17	47.02	48.94	52.97	57.26	61.78	66.51	76.55
80	22.06	40.96	44.19	45.97	47.81	51.67	55.77	60.09	64.62	74.22
90	28.08	39.47	42.47	44.11	45.81	49.38	53.16	57.14	61.30	70.14
100	35.73	37.58	40.29	41.78	43.31	46.52	49.92	53.49	57.22	65.14
110	45.47	35.46	37.87	39.19	40.54	43.38	46.37	49.51	52.79	59.74
120	57.86	33.23	35.34	36.49	37.67	40.14	42.74	45.46	48.30	54.31
130	73.62	30.96	32.79	33.79	34.81	36.93	39.16	41.49	43.92	49.05
140	93.69	28.72	30.29	31.14	32.02	33.83	35.72	37.70	39.76	44.10
150	119.22	26.54	27.88	28.60	29.34	30.88	32.48	34.14	35.87	39.51
160	151.71	24.44	25.58	26.19	26.82	28.11	29.45	30.84	32.29	35.32
170	193.05	22.45	23.41	23.92	24.45	25.53	26.65	27.81	29.01	31.53

参 考 文 献

[1] 罗海珠,梁运涛.煤自然发火预测预报技术的现状与展望[J].中国安全科学学报,2003,13(3):76-78.

[2] 国家安全生产监督管理局,国家煤矿安全监察局.国家安全生产科技发展规划煤矿领域研究报告(2004—2010)[R],2003.

[3] 魏国栋.煤层里伴生一氧化碳[J].内蒙古煤炭经济,2000(4):75-76.

[4] 迟春城,李寿君,井庆贺.关于个别煤层中天然赋存 CO 气体及其涌出规律的探讨[J].煤矿安全,2004,35(1):16-17.

[5] 杨广文,艾兴.大雁二矿 250 综采工作面 CO 来源的分析及治理[J].煤炭安全,2003,34(10):41-43.

[6] 朱令起,王月红,郭立稳.东欢坨煤矿煤层赋存 CO 影响因素分析[J].煤矿安全,2005,36(8):53-55.

[7] 庞国强.大水头煤矿原生 CO 赋存规律的研究[D].西安:西安科技大学,2005.

[8] 翟小伟,马灵军,邓军.工作面回风隅角 CO 浓度预测模型的研究与应用[J].煤炭科学技术,2011,39(11):59-62.

[9] 张福喜,刘继勇,张辛亥.稠化胶体防灭火技术在阳泉煤业集团的应用[J].矿业安全与环保,2005,29(5):51-53.

[10] SRINIVASAN KRISHNASWAMY,GUNN R D,AGARWA P K. An experimental and modeling investigation using a fixed-bed isothermal flow reactor[J]. Fuel,1996,75(3):344-352 .

[11] 陈勤妹,黄瀛华,任德庆,等.应用 TG—DTA—T—DTG 和 EGD—GC 评价粉煤的燃烧特性[J].华东理工大学学报,1997,23(3):286-291.

[12] VAMVUKA D,WOODBURN E T. Model of the combustion of a single small coal particle using kinetic parameters based on thermo gravimetric analysis[J]. International Journal of Energy Research,1998,22(7):657-670.

[13] GARCIA P,HALL P J,MONDRAGON F. The use of differential scanning calorimetry to identify coals susceptible to spontaneous combustion [J]. Thermochimica Acta,1999,336(1-2):41-46.

[14] WIKTORSSON L P,WANZL W. Kinetic parameters for coal pyrolysis at low and high heating rates-a comparison of data from different laboratory equipment[J]. Fuel,2000,79(6):701-716.

[15] CLEMENS A H,MATHESON T W,ROGERS D E. Low temperature oxidation studies of dried New Zealand coals[J]. Fuel,1991,70(2):215-221.

[16] MARTIN R R,MACPHEE J A,YOUNGER C. Sequential derivation and the SIMS imaging of coal[J]. Energy Sources,1989,11(1):1-8.

[17] 舒新前. 煤炭自燃的热分析研究[J]. 中国煤田地质,1994,2(6):25-29.

[18] 彭本信. 应用热分析技术研究煤的氧化自燃过程[J]. 煤矿安全,1990(4):1-12.

[19] 张嬿妮,邓军,罗振敏,等. 煤自燃影响因素的热重分析[J]. 西安科技大学学报,2008,28(2):388-391.

[20] 肖旸,王振平,马砺,等. 煤自燃指标气体与特征温度的对应关系研究[J]. 煤炭科学技术,2008,36(6):47-51.

[21] 徐精彩. 煤自燃危险区域判定理论[M]. 北京:煤炭工业出版社,2001.

[22] 徐精彩,张辛亥,文虎,等. 煤氧复合过程及放热强度测算方法[J]. 中国矿业大学学报,2000,29(3):253-257.

[23] 张辛亥,徐精彩,邓军,等. 煤的耗氧速度及其影响因素恒温实验研究[J]. 西安科技学院学报,2002,22(3):243-246.

[24] 邓军,徐精彩,李莉. 不同氧气浓度煤样耗氧特性实验研究[J]. 湘潭矿业学院学报,2001,2(16):12-18.

[25] NUGROHOL Y S,MCINTOSH A C,GIBBS B M. Low-temperature oxidation of single and blended coals[J]. Fuel,2000,79(15):1951-1961.

[26] FANOR MONDRAGÓN, WILSON RUÍZ, ALEXANDER SANTAMARÍA. Effect of early stages of coal oxidation on its reaction with elemental sulphur[J]. Fuel,2002,81(3):381-388.

[27] WANG HAIHUI,DLUGOGORSKI B Z,KENNEDY E M. Pathways for production of CO_2 and CO in low-temperature oxidation of coal[J]. Energy and Fuels,2003,17(1):150-158.

[28] STOTT J B. The spontaneous heating of coal and the role of moisture transfer[R]. US Bureau of Mines,1980:395-146.

[29] STOTT J B,CHENG X D. Measure the tendence of coal to fire spontaneously[J]. Colliery Guardian,1992,240(1):9-16.

[30] CHENG X D,STOTT J B. Oxidation rate of coals as measure from one-

dimensional spontaneous heating[J]. Combustion and Flame, 1997, 109 (4):578-586.

[31] ARIEF A S, GILLIES A D S. A practical test of coal spontaneous combustion[C]//In Proceeding of the AusIMM Annual Conference. Newcastle, Melbourne, Australia: The Austanlasian Institute of Mining and Metallurgy, 1995:111-114.

[32] CLIIFF D, DAVIS R, BENNET A, et al. Large scale laboratory testing of the spontaneous combustibility of Australia coals[R]. In Queensland Mining Industry Health & Safety Conference, 1998:175-179.

[33] BEAMISH B B, LAU A G, MOODIE A L, et al. Assessing the self-heating behaviour of Callide coal using a 2-metre column[J]. Journal of Loss Prevention in the Process Industries, 2002(15):385-390.

[34] BASIL BEAMISH, JOHN PHILLIPS, MICK BROWN, et al. Application of bulk coal self-heating tests to longwall operations[C]//2003 Coal Operators' Conference, 2003(2):246-253.

[35] 邓军,徐精彩,阮国强等. 国内外煤炭自然发火预测预报技术综述[J]. 西安科技学院学报, 2000, 9(4):293-297, 337.

[36] 徐精彩. 煤炭自燃过程研究[J]. 煤炭工程师, 1989(5):17-21.

[37] 位爱竹. 煤炭自燃自由基反应机理的实验研究[D]. 徐州:中国矿业大学, 2008.

[38] 王继仁,邓汉忠,邓存宝,等. 煤自燃生成一氧化碳和水的反应机理研究[J]. 计算机与应用化学, 2008, 25(8):935-940.

[39] 戚绪尧. 煤中活性基团的氧化及自反应过程[D]. 徐州:中国矿业大学, 2011.

[40] 石婷,邓军,王小芳,等. 煤自燃初期的反应机理研究[J]. 燃料化学学报, 2004, 32(6):652-657.

[41] 李增华. 煤炭自燃的自由基反应机理[J]. 中国矿业大学学报, 1996, 25(3):111-114.

[42] 戴广龙. 煤低温氧化及自燃特性的综合实验研究[D]. 徐州:中国矿业大学, 2005.

[43] 张代钧,鲜学福. 煤大分子结构的电子自旋共振谱表征[J]. 分析测试学报, 1993, 12(6):81-83.

[44] KUDYNSKA J, BUCKMASTER H A. Low-temperature oxidation kinetics of high-volatile bituminous coal studied by dynamic in situ 9 GHz c. w. e. p. r. spectroscopy[J]. Fuel, 1996, 75(7):872-878.

[45] 张蓬洲,王者福.用电子自旋共振谱研究我国一些煤的自由基[J].燃料化学学报,1992,20(3):307-312.

[46] 张玉贵,曹运兴,李凯琦.构造煤顺磁共振波谱特征初探[J].焦作工学院学报,1997,16(2):37-40.

[47] 张群,庄军.丝炭和暗煤的顺磁共振特性研究[J].煤炭学报,1995,20(3):272-276.

[48] 郭德勇,韩德馨.构造煤的电子顺磁共振实验研究[J].中国矿业大学学报,1999,28(1):94-97.

[49] 刘国根,邱冠周.煤的 ESR 波谱研究[J].波谱学杂志,1999,16(2):177-180.

[50] TARABA B. Disintegration of coal as a non-oxidative source of carbon monoxide[J]. Mining Engineer,1994,154(395):55-56.

[51] 吴康华.基于量子化学方法的煤氧吸附特性模拟实验研究[D].西安:西安科技大学,2011.

[52] 何启林.煤低温氧化性与自燃过程的实验及模拟的研究[D].徐州:中国矿业大学,2004.

[53] JONES R E,TOWNEND D T A. The role of oxygen complex in oxidation of carbonaceous compounds[J]. Journal of the Chemical Society,Faraday Transactions,1946,42(4):297-299.

[54] GRAHAM J I. Absorption of oxygen by coal[J]. Transactions of the Institution of Mining Engineers,1974,48(15):521.

[55] WINMILL T F. Absorption of oxygen by coal[J]. Transactions of the Institution of Mining Engineers,1973,46(14):563.

[56] 刘仲田.煤对氧分子的吸附机理研究[D].阜新:辽宁工程科技大学,2007.

[57] 邓存宝.煤的自燃机理及自燃性危险指数研究[D].阜新:辽宁工程科技大学,2006.

[58] ROSEMA A,GUAN H,VELD H. Simulation of spontaneous combustion to study the causes of coal fires in the Rujigou Basin [J]. Fuel,2001,8(1):7-16.

[59] ARISOY AHMET,AKGUN FEHMI. Effect of pile height on spontaneous heating of coal stockpiles [J]. Combustion Science and Technology,2000,153(1):157-168.

[60] MCNABB A,PLEASE C P,MCELWAIN D L S. Spontaneous combustion in coal pillars:Buoyancy and oxygen starvation [J]. Mathematical Engineering in Industry,1999,7(3):283-300.

[61] ZHU MINGSHAN,XU YINGQIN,WU JIANG. Computer simulation of spontaneous combustion in goaf[C]//Proceedings of the US Mine Ventilation Symposium,1991:88-93.

[62] GAETANO CONTINILLO, GALIERO GIOVANNI, MAFFETTONE PIER LUCA,et al. Characterization of chaotic dynamics in the spontaneous combustion of coal stockpiles[J]. Symposium on Combustion,1996, 26(1):1585-1592.

[63] 卞晓锴,包宗宏,史美仁.采空区温度场模拟及煤自燃状态预测[J].南京化工大学学报(自然科学版),2000,22(2):43-47.

[64] 邓军,徐精彩,张辛亥.综放面采空区温度场动态数学模化及应用[J].中国矿业大学学报,1999,28(2):179-181.

[65] 文虎,徐精彩,葛岭梅,等.煤自燃性测试技术及数值分析[J].北京科技大学学报,2001,23(6):499-501.

[66] 文虎.综放工作面采空区煤自燃过程的动态数值模拟[J].煤炭学报,2002, 27(1):54-58.

[67] 齐庆杰,黄伯轩.用计算机模拟法判断采空区自然发火位置[J].煤炭工程师,1997,25(5):7-9.

[68] 李宗翔,刘剑,马云东.采空区自燃火灾气体钻孔导流的数值模拟研究[J].中国安全科学学报,2004,14(4):107-110.

[69] 李宗翔.采空区遗煤自燃过程及其规律的数值模拟研究[J].中国安全科学学报,2005,15(6):15-19.

[70] 李宗翔,吴志君,马友发.采空区场域自燃 CO 向工作面涌出的数值模拟[J].燃烧科学与技术,2006,12(6):563-568.

[71] 李宗翔,韦涌清,孙世军.非均质采空区气—固耦合温度场迎风有限元求解[J].昆明理工大学学报(理工版),2004,29(2):5-9.

[72] 邓存宝,王继仁,洪林.矿井封闭火区内气体运移规律[J].辽宁工程技术大学学报,2004,23(3):298-30.

[73] WANG HAIHUI,DLUGOGORSKI B Z,KENNEDY E M. Coal oxidation at low temperatures:oxygen consumption, oxidation products, reaction mechanism and kinetic modeling[J]. Progress in Energy and combustion Science,2003(29):487-513.

[74] LU P,LIAO G X,SUN J H,et al. Experimental research on index gas of the coal spontaneous at low-temperature stage [J]. Journal of Loss Prevention in the Process Industries,2004,17(3):243-247.

[75] GRAHAM J I. The normal reduction of carbon monoxide in coal mines

[J]. Transaction of the Institution of Mining Engineers,1921(60):222-234.

[76] CHAMBERLIN E C A,HALL D A,THIRLWAY J T. The ambient temperature oxidation of coal in relation to early detection of spontaneous heating[J]. Mining Engineers,1970,130(121):1-16.

[77] CHAKRAVORTY R N,FENG K K. Studies on the early detection of spontaneous combustion in a hydraulic coalmine[J]. CIM Bulletin,1978,71(789):83-91.

[78] 李耀明.预报煤炭自燃的 CO 指标气体临界值研究[J].安徽理工大学学报（自然科学版）,2011,31(3):57-61.

[79] 梁运涛.煤炭自然发火预测预报的气体指标法[J].煤炭科学技术,2008,36(6):5-8.

[80] 张卫亮,梁运涛,杨宏民. CO/CO_2 比值作为煤自然发火指标气体在安家岭井工矿中的应用[C]//煤矿重大灾害防治技术与实践,2008:180-186.

[81] 谢振华,金龙哲,任宝宏.煤炭自燃特性与指标气体的优选[J].煤矿安全,2004,35(2):10-12.

[82] 肖旸,王振平,马砺,等.煤自燃指标气体与特征温度的对应关系研究[J].煤炭科学技术,2008,36(6):47-51.

[83] 张代钧.利用指标气体预测预报煤矿自燃火灾[J].煤矿安全,2001,32(6):15-16.

[84] 毛允德,高玉成.水采矿井 H_2S、CO、CH_4 气体异常区域成因及防治技术[J].水力采煤与管道运输,2000(2):38-40.

[85] 朱令起,王月红,郭立稳.东欢坨煤矿煤层赋存一氧化碳机理[J].河北理工学院学报,2005,27(4):1-4.

[86] 何启林,刘长青,刘德平,等.煤巷打眼过程中 CO 产生原因的确定[J].煤矿安全,2006,37(7):44-45.

[87] 杨广文,艾兴.大雁二矿 250 综采工作面 CO 来源的分析及治理[J].煤矿安全,2003,34(10):41-43.

[88] 程远平,李增华.煤炭低温吸氧过程及其热效应[J].中国矿业大学学报,1999,28(4):310-314.

[89] 薛冰,李再峰,陈兴权,等.低阶煤在干燥氧气下低温氧化过程的机理研究[J].煤炭转化,2006,29(2):12-15.

[90] WANG HAIHUI,DLUGOGORSKI B Z,KENNEDY E M. Analysis of the mechanism of the low-temperature oxidation of coal[J]. Combustion and Flame,2003,134(1):107-117.

[91] WANG HAIHUI,DLUGOGORSKI B Z,KENNEDY E M. Thermal decomposition of solid oxygenated complexes formed by coal oxidation at low temperatures[J]. Fuel,2002,81(15):1913-1923.

[92] 欧成华,李士伦,杜建芬,等.煤层气吸附机理研究的发展与展望[J].西南石油学院学报,2003,25(5):57-61.

[93] 董红,侯俊胜,王浩,等.煤层煤质和含气量的测定评价方法及其应[J].物探与化探,2004,25(2):37-71.

[94] 王安平.煤层甲烷赋存、运移机理及数值模拟研究[D].重庆:重庆大学,2002:42-44.

[95] 郭立稳,肖藏岩,刘永新.煤孔隙结构对煤层中CO扩散的影响[J].中国矿业大学学报,2007,36(5):636-640.

[96] 郭立稳,王月红,张九零.煤的变质程度与煤层吸附CO影响的实验研究[J].辽宁工程技术大学学报,2007,26(2):165-168.

[97] 王月红,郭立稳.煤层中一氧化碳吸附规律及影响因素研究[D].唐山:河北理工大学,2006:23-29.

[98] 王月红,郭立稳,刘永新,等.煤层中CO吸附模型[J].河北联合大学学报(自然科学版),2006,28(3):1-4.

[99] 刘永新,郭立稳,肖藏岩.煤的元素分析对煤层吸附CO的影响研究[J].采矿与安全工程学报,2009,26(2):249-252.

[100] 张辛亥,席光,徐精彩,等.基于流场的综放面自燃危险区域划分及自燃预测研究[J].中国科学技术大学学报,2005,5(13):102-106.

[101] 王楠.煤自然发火胶体防灭火材料性能实验研究[D].西安:西安科技大学,2011.